中国高等院校计算机基础教育课程体系规划教材
丛书主编 谭浩强

C程序设计（第四版）学习辅导

谭浩强 编著

清华大学出版社
北 京

内 容 简 介

本书是与谭浩强所著的《C 程序设计（第四版）》（清华大学出版社出版）配合使用的参考用书。共分 4 个部分，第 1 部分是《C 程序设计（第四版）》一书的习题和参考解答，包括了该书各章的全部习题，对全部编程习题都给出了参考解答，共计 132 个程序；第 2 部分是深入学习 C 程序设计，包括预处理指令、位运算和 C 程序案例；第 3 部分是上机指南，详细介绍了 Visual C++ 6.0 集成环境下编辑、编译、调试和运行程序的方法；第 4 部分是上机实验指导，包括程序的调试与测试、实验的目的与要求，并提供了本课程 12 个实验。

本书内容丰富、实用性强，是学习 C 语言的一本好参考书，不仅可以作为《C 程序设计（第四版）》的配套教材，而且可以作为任何 C 语言教材的参考书；既适合高等学校师生使用，也可供报考各类计算机考试者和其他自学者参考。

图书在版编目（CIP）数据

C 程序设计（第四版）学习辅导/谭浩强著.—北京：清华大学出版社，2010.6（2021.9重印）
中国高等院校计算机基础教育课程体系规划教材
ISBN 978-7-302-22672-7

Ⅰ. ①C… Ⅱ. ①谭… Ⅲ. ①C 语言－程序设计－高等学校－教学参考资料 Ⅳ. ①TP312

中国版本图书馆 CIP 数据核字（2010）第 106429 号

责任编辑：张　民
责任校对：焦丽丽
责任印制：朱雨萌

出版发行：清华大学出版社　　　　　　　　　　地　　址：北京清华大学学研大厦 A 座
　　　　　http://www.tup.com.cn　　　　　　　邮　　编：100084
　　社　总　机：010-62770175　　　　　　　　邮　　购：010-83470235
　　投稿与读者服务：010-62795954，jsjjc@tup.tsinghua.edu.cn
　　质　量　反　馈：010-62772015，zhiliang@tup.tsinghua.edu.cn

印　装　者：大厂回族自治县彩虹印刷有限公司
经　　　销：全国新华书店
开　　　本：185×260　　　印　　张：17.5　　　字　　数：422 千字
版　　　次：2010 年 6 月第 1 版　　　　　　　印　　次：2021 年 9 月第 21 次印刷
定　　　价：39.00 元

产品编号：031939-03

从 20 世纪 70 年代末、80 年代初开始，我国的高等院校开始面向各个专业的全体大学生开展计算机教育。面向非计算机专业学生的计算机基础教育，牵涉的专业面广、人数众多，影响深远，它将直接影响我国各行各业、各个领域中计算机应用的发展水平。这是一项意义重大而且大有可为的工作，应该引起各方面的充分重视。

20 多年来，全国高等院校计算机基础教育研究会和全国高校从事计算机基础教育的老师始终不渝地在这片未被开垦的土地上辛勤工作，深入探索，努力开拓，积累了丰富的经验，初步形成了一套行之有效的课程体系和教学理念。20 年来高等院校计算机基础教育的发展经历了 3 个阶段：20 世纪 80 年代是初创阶段，带有扫盲的性质，多数学校只开设一门入门课程；20 世纪 90 年代是规范阶段，在全国范围内形成了按 3 个层次进行教学的课程体系，教学的广度和深度都有所发展；进入 21 世纪，开始了深化提高的第 3 阶段，需要在原有基础上再上一个新台阶。

在计算机基础教育的新阶段，要充分认识到计算机基础教育面临的挑战。

(1) 在世界范围内信息技术以空前的速度迅猛发展，新的技术和新的方法层出不穷，要求高等院校计算机基础教育必须跟上信息技术发展的潮流，大力更新教学内容，用信息技术的新成就武装当今的大学生。

(2) 我国国民经济现在处于持续快速稳定发展阶段，需要大力发展信息产业，加快经济与社会信息化的进程，这就迫切需要大批既熟悉本领域业务，又能熟练使用计算机，并能将信息技术应用于本领域的新型专门人才。因此需要大力提高高校计算机基础教育的水平，培养出数以百万计的计算机应用人才。

(3) 21 世纪，信息技术教育在我国中小学中全面开展，计算机教育的起点从大学下移到中小学。水涨船高，这样也为提高大学的计算机教育水平创造了十分有利的条件。

迎接 21 世纪的挑战，大力提高我国高等学校计算机基础教育的水平，培养出符合信息时代要求的人才，已成为广大计算机教育工作者的神圣使命和光荣职责。全国高等院校计算机基础教育研究会和清华大学出版社于 2002 年联合成立了"中国高等院校计算机基础教育改革课题研究组"，集中了一批长期在高校计算机基础教育领域从事教学和研究的专家、教授，经过深入调查研究，广泛征求意见，反复讨论修改，提出了高校计算机基础教育改革思路和课程方案，并于 2004 年 7 月发布了《中国高等院校计算机基础教育课程体系 2004》（简称 CFC 2004）。国内知名专家和从事计算机基础教育工作的广大教师一致认为 CFC 2004 提出了一个既体现先进性又切合实际的思路和解决方案，该研究成果具有开创性、针对性、前瞻性和可操作性，对发展我国高等院校的计算机基础教育具有重要的指导作用。根据近年来计算机基础教育的发展，课题研究组于 2006 年和 2008 年又发布了《中国高等院校计算机基础教育课程体系 2006》（简称 CFC 2006）和《中国高等院校计算机基础教育课程体系 2008》（简称 CFC 2008），由清华大学出版社出版。

为了实现 CFC 提出的要求，必须有一批与之配套的教材。教材是实现教育思想和教学要求的重要保证，是教学改革中的一项重要的基本建设。如果没有好的教材，提高教学质量只是一句空话。要写好一本教材是不容易的，不仅需要掌握有关的科学技术知识，而且要熟悉自己工作的对象、研究读者的认识规律、善于组织教材内容、具有较好的文字功底，还需要学习一点教育学和心理学的知识等。一本好的计算机基础教材应当具备以下 5 个要素：

（1）定位准确。要明确读者对象，要有的放矢，不要不问对象，提笔就写。

（2）内容先进。要能反映计算机科学技术的新成果、新趋势。

（3）取舍合理。要做到"该有的有，不该有的没有"，不要包罗万象、贪多求全，不应把教材写成手册。

（4）体系得当。要针对非计算机专业学生的特点，精心设计教材体系，不仅使教材体现科学性和先进性，还要注意循序渐进、降低台阶、分散难点，使学生易于理解。

（5）风格鲜明。要用通俗易懂的方法和语言叙述复杂的概念。善于运用形象思维，深入浅出，引人入胜。

为了推动各高校的教学，我们愿意与全国各地区、各学校的专家和老师共同奋斗，编写和出版一批具有中国特色的、符合非计算机专业学生特点的、受广大读者欢迎的优秀教材。为此，我们成立了"中国高等院校计算机基础教育课程体系规划教材"编审委员会，全面指导本套教材的编写工作。

这套教材具有以下几个特点：

（1）全面体现 CFC 的思路和课程要求。可以说，本套教材是 CFC 的具体化。

（2）教材内容体现了信息技术发展的趋势。由于信息技术发展迅速，教材需要不断更新内容，推陈出新。本套教材力求反映信息技术领域中新的发展、新的应用。

（3）按照非计算机专业学生的特点构建课程内容和教材体系，强调面向应用，注重培养应用能力，针对多数学生的认知规律，尽量采用通俗易懂的方法说明复杂的概念，使学生易于学习。

（4）考虑到教学对象不同，本套教材包括了各方面所需要的教材(重点课程和一般课程；必修课和选修课；理论课和实践课)，供不同学校、不同专业的学生选用。

（5）本套教材的作者都有较高的学术造诣，有丰富的计算机基础教育的经验，在教材中体现了研究会所倡导的思路和风格，因而符合教学实践，便于采用。

本套教材统一规划、分批组织、陆续出版。希望能得到各位专家、老师和读者的指正，我们将根据计算机技术的发展和广大师生的宝贵意见随时修订，使之不断完善。

全国高等院校计算机基础教育研究会荣誉会长
"中国高等院校计算机基础教育课程体系规划教材"编审委员会主任

谭浩强

C 语言是国内外广泛使用的计算机语言。 许多高校都开设了 "C 语言程序设计" 课程。 作者于 1991 年编写了《C 程序设计》，由清华大学出版社出版，并于 1999 年和 2005 年出版了《C 程序设计(第二版)》和《C 程序设计(第三版)》。 该书出版后，受到了广大读者的欢迎，认为概念清晰、叙述详尽、例题丰富、深入浅出、通俗易懂，被大多数高校选为教材。 至 2008 年底该书已累计发行 1000 万册，成为国内 C 语言教学的主流用书。

　　根据发展的需要，作者于 2010 年出版《C 程序设计(第四版)》，为了配合该教材的教学，同时编写了这本《C 程序设计(第四版)学习辅导》一书。

　　本书包括 4 个部分。

　　第 1 部分是 "《C 程序设计(第四版)》习题和参考解答"。 在这一部分中包括了清华大学出版社出版的《C 程序设计(第四版)》一书的全部习题。 其中有些题的难度高于书中的例题，目的是使学生不满足于已学过的内容，而要举一反三，善于发展已有知识，提倡创新精神，培养解决问题的能力。 希望教师能指定学生完成各章中有一定难度的习题。 希望学生能尽量多做习题，以提高自己的水平。

　　为了方便读者，本书提供了参考解答。 除对其中少数概念问答题，由于能在教材中直接找到答案，为节省篇幅本书不另给出答案外，对所有编程题一律给出参考解答，包括程序代码和运行结果，对于比较难的习题，除了给出程序(程序中加了注释)外，还给出 N-S 流程图，并作了比较详细的说明，以便于读者理解。 对于相对简单的问题，只给出程序代码和运行结果，不作详细说明，以便给读者留下思考的空间。 对有些题目，我们给出了两种参考答案，供读者参考和比较，以启发思路。

　　在这部分中提供了 132 个不同类型、不同难度的程序，全部程序都在 Visual C++ 6.0 环境下调试通过。 由于篇幅和课时的限制，在教材和讲授中不可能介绍很多例子，只能介绍一些典型的例题。 本书中给出的程序实际上是对《C 程序设计(第四版)》一书例题的补充，希望读者能充分利用它。 即使没有时间自己做出全部习题，如果能把全部习题的参考解答都看一遍，而且都能看懂，理解不同程序的思路，也会大有裨益，能扩大眼界，丰富知识。 教师也可以挑选一些习题解答在课堂上讲授，作为补充例题，可以说：如果能独立完成这些题目的编程，学习 C 语言就基本过关了。

　　应该说明，本书给出的程序并非是唯一正确的解答，甚至不一定是最佳的一种。 对同一个题目可以编出多种程序，我们给出的只是其中的一种。 读者在使用本书时，千万不要照抄照搬，我们只是提供了一种参考方案，读者完全可以编写出更好的程序。

第 2 部分是"深入学好 C 程序设计"。 包括"预处理指令"、"位运算"和"C 程序案例"，这是对教材内容的补充。

"预处理指令"。 详细地介绍预处理指令，使读者对它有系统的了解并善于利用它们，以提高编程效率。

"位运算"。 位运算是 C 语言区别于其他高级语言的一个重要特点。 C 语言能对"位"进行操作，使得 C 具有比较接近机器的特点。 在编写系统软件和数据采集、检测与控制中往往需要用到位运算。 信息类专业的学生需要学习这方面的知识，因此，本书专门列出一章，介绍位运算的基本知识，供需要者选学，信息类专业可以把它列入教学内容。

"C 程序案例"。 在这一章中介绍了 3 个实用程序。 可以帮助读者把学习到的 C 程序设计的知识用于解决实际问题，能根据需要编写应用程序。 在教材中，为了便于课堂教学，例题程序的规模一般都不大。 在学完各章内容之后，需要综合应用已学过的知识，编写一些应用程序，同时提高编程能力。 因此在本书中专门组织"C 程序案例"一章，供读者阅读参考。 这些案例很有实用价值。 建议读者在学完教材后，仔细阅读这几个案例，对于提高编程能力会有很大的帮助。

第 3 部分是"C 语言程序上机指南"。 介绍了 Visual C++ 6.0 集成环境下的上机方法，使读者上机练习有所遵循。 考虑到篇幅，不再介绍其他编译系统。 如果读者使用 Turbo C++ 3.0，可以参考作者编著的《C 程序设计(第三版) 习题解答与上机指导》一书。

第 4 部分是"上机实践指导"。 在这部分中介绍了程序调试和测试的初步知识，提出了上机实验的目的与要求，并且安排了 12 个实验，供各校安排实验时参考。

希望读者使能充分利用本书提供的资源，提高 C 程序设计的教学质量。

本书不仅可以作为《C 程序设计(第四版)》的配套教材，而且可以作为任何 C 语言教材的参考书；既适用于高等学校教学，也可供报考各种计算机考试者和其他自学者参考。

本书的第 13 章由林小茶副教授编写。 薛淑斌、秦建中、谭亦峰高级工程师参加了本书部分调试程序和整理材料的工作。

本书难免会有错误和不足之处，作者愿得到广大读者的指正。

谭浩强
2010 年 3 月

CONTENTS

目录

第 1 部分 《C 程序设计(第四版)》习题和参考解答

第 1 章　程序设计和 C 语言 ·· 1

第 2 章　算法——程序的灵魂 ·· 4

第 3 章　最简单的 C 程序设计——顺序程序设计 ····················· 14

第 4 章　选择结构程序设计 ··· 24

第 5 章　循环结构程序设计 ··· 37

第 6 章　利用数组处理批量数据 ··· 54

第 7 章　用函数实现模块化程序设计 ······································· 74

第 8 章　善于利用指针 ··· 99

第 9 章　用户自己建立数据类型 ··· 128

第 10 章　对文件的输入输出 ·· 159

第 2 部分　深入学好 C 程序设计

第 11 章　预处理指令 ··· 177

　11.1　宏定义 ··· 178

　　11.1.1　不带参数的宏定义 ·· 178

　　11.1.2　带参数的宏定义 ·· 181

　11.2　"文件包含"处理 ··· 186

　11.3　条件编译 ··· 189

第 12 章　位运算 ··· 193

　12.1　位运算和位运算符 ·· 193

　　12.1.1　"按位与"运算 ·· 193

12.1.2 "按位或"运算 194

12.1.3 "异或"运算 195

12.1.4 "取反"运算 196

12.1.5 左移运算 197

12.1.6 右移运算 197

12.1.7 位运算赋值运算符 198

12.1.8 不同长度的数据进行位运算 198

12.2 位运算举例 198

12.3 位段 200

第 13 章 C 程序案例 204

13.1 案例 1：个人所得税计算 204

13.2 案例 2：学生试卷分数统计 208

13.3 案例 3：电话订餐信息处理 214

第 3 部分　C 语言程序上机指南

第 14 章 怎样使用 Visual C++ 运行程序 223

14.1 Visual C++ 的安装和启动 224

14.2 输入和编辑源程序 224

14.2.1 新建一个 C 源程序的方法 225

14.2.2 打开一个已有的程序 227

14.2.3 通过已有的程序建立一个新程序的方法 227

14.3 编译、连接和运行 227

14.3.1 程序的编译 227

14.3.2 程序的调试 228

14.3.3 程序的连接 231

14.3.4 程序的执行 232

14.4 建立和运行包含多个文件的程序的方法 233

14.4.1 由用户建立项目工作区和项目文件 233

14.4.2 用户只建立项目文件 237

第 4 部分　上机实践指导

第 15 章 程序的调试与测试 241

15.1 程序的调试 241

15.2 程序错误的类型 243

15.3 程序的测试 245

第 16 章　上机实验的目的和要求 ·· 250

16.1　上机实验的目的 ··· 250

16.2　上机实验前的准备工作 ··· 251

16.3　上机实验的步骤 ··· 251

16.4　实验报告 ··· 251

16.5　实验内容安排的原则 ··· 252

第 17 章　实验安排 ·· 253

17.1　实验 1　C 程序的运行环境和运行 C 程序的方法 ·················· 253

17.2　实验 2　数据类型、运算符和简单的输入输出 ···················· 255

17.3　实验 3　最简单的 C 程序设计——顺序程序设计 ················· 258

17.4　实验 4　选择结构程序设计 ·· 259

17.5　实验 5　循环结构程序设计 ·· 260

17.6　实验 6　数组 ·· 261

17.7　实验 7　函数(一) ·· 262

17.8　实验 8　函数(二) ·· 263

17.9　实验 9　指针(一) ·· 264

17.10　实验 10　指针(二) ·· 265

17.11　实验 11　用户自己建立数据类型 ·································· 266

17.12　实验 12　文件操作 ·· 267

参考文献 ··· 268

第1部分 《C程序设计(第四版)》习题和参考解答

第1章 程序设计和C语言

1. 什么是程序? 什么是程序设计?

解: 略。

2. 为什么需要计算机语言? 高级语言的特点?

解: 略。

3. 正确理解以下名词及其含义:

(1) 源程序 目标程序 可执行程序

(2) 程序编辑 程序编译 程序连接

(3) 程序 程序模块 程序文件

(4) 函数 主函数 被调用函数 库函数

(5) 程序调试 程序测试

解: 略。

4. 自学本书附录A,熟悉上机运行C程序的方法,上机运行本章3个例题。

解: 请读者自己完成。

5. 请参照本章例题,编写一个C程序,输出以下信息:

```
****************************
         Very  good!
****************************
```

解: 程序如下:

```c
#include <stdio.h>
int main ( )
{   printf ("****************************\n\n");
    printf("         Very  Good!\n\n");
    printf ("****************************\n");
    return 0;
}
```

运行结果：

6. 编写一个 C 程序，输入 a,b,c 三个值,输出其中最大者。

解：程序如下：

```c
#include <stdio.h>
int main()
{int a,b,c,max;
 printf("please input a,b,c: \n");
 scanf("%d,%d,%d",&a,&b,&c);
 max=a;
 if(max<b)
   max=b;
 if(max<c)
   max=c;
 printf("The largest number is %d\n",max);
 return 0;
}
```

运行结果：

输入 3 个数：18,−43,34,输出最大数 34。

注意：输入的 3 个数以逗号分隔,如果以空格分隔,会出错,读者可试一下。请思考为什么。

7. 上机运行以下程序,注意注释的方法。分析运行结果,掌握注释的用法。

（1）

```c
#include <stdio.h>
int main()
    {
    printf("How do you do!\n");                //这是行注释,注释范围从//起至换行符为止
    return 0;
}
```

（2）把第 4 行改为

```c
printf("How do you do!\n");                /*这是块注释*/
```

（3）把第 4 行改为以下两行

```c
printf("How do you do!\n");                /*这是块注释,如在本行内写不完,可以在下一行继
                                             续写。这部分内容均不产生目标代码*/
```

（4）把第 4 行改为

//printf("How do you do!\n");

（5）把第 4 行改为

printf("//How do you do!\n");   //在输出的字符串中加入//

（6）用块注释符把几行语句都作为注释：

/ * printf("How do you do!\n");
return 0; * /

解：请读者上机运行程序,注意观察结果。结果如下：

（1）输出：How do you do!

//之后是注释,这部分内容不参加编译,不影响运行结果。

（2）输出：How do you do!

/ * 与 * /之间是注释,这部分内容不参加编译,不影响运行结果。

（3）输出：How do you do!

程序运行结果表明：从上一行的/ * 到下一行的 * /之间是注释,块注释不受一行范围的限制,可以跨行。这部分内容不参加编译,不影响运行结果。

（4）程序运行时无输出,因为//之后都作为注释,因此在程序编译时不包括 printf 函数,故无输出。

（5）输出：//How do you do!

在双撇号之间的//不作为注释标记,因此把它按字符原样输出。

（6）无输出。因为把所有语句都作为注释,不参加编译,程序相当于：

```
#include <stdio.h>
int main ( )
  {
  }
```

第2章 算法——程序的灵魂

1． 什么是算法？试从日常生活中找 3 个例子,描述它们的算法。

解： 略。

2． 什么叫结构化的算法？为什么要提倡结构化的算法？

解： 略。

3． 试述 3 种基本结构的特点,请自己另外设计两种基本结构(要符合基本结构的特点)。

解： 见图 2.1 和图 2.2。

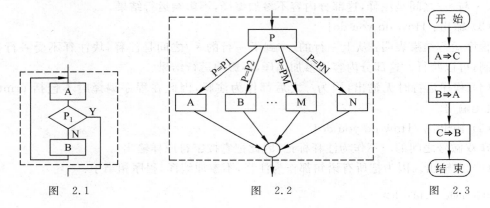

图 2.1   图 2.2   图 2.3

4． 用传统流程图表示求解以下问题的算法。

(1) 有两个瓶子 A 和 B,分别盛放醋和酱油,要求将它们互换(即 A 瓶原来盛醋,现改盛酱油,B 瓶则相反)。

解： 显然,如果只有两个瓶子,肯定不能完成此任务,必须有一个空瓶 C 作为过渡,其步骤见图 2.3。

(2) 依次将 10 个数输入,要求将其中最大的数输出。

解： 流程图见图 2.4。

(3) 有 3 个数 a,b,c,要求按大小顺序把它们输出。

解： 流程图见图 2.5。

(4) 求 $1+2+3+\cdots+100$。

解： 流程图见图 2.6。

(5) 判断一个数 n 能否同时被 3 和 5 整除。

解： 流程图见图 2.7(a)或图 2.7(b)。

(6) 将 $100\sim200$ 之间的素数输出。

解： 流程图见图 2.8。

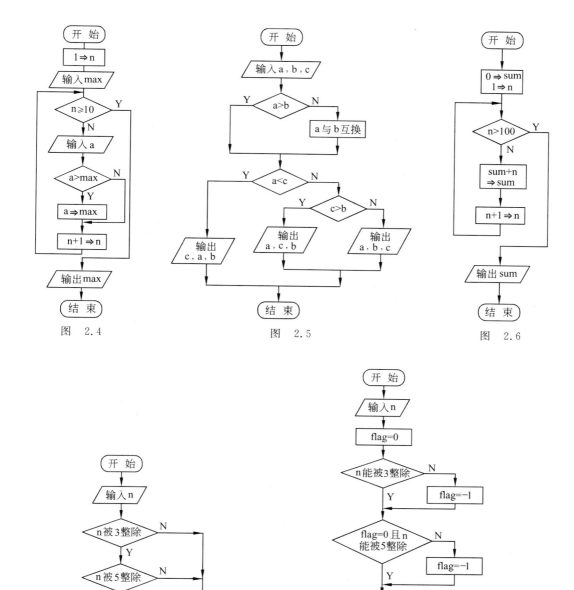

图　2.4　　　　　　　　图　2.5　　　　　　　　图　2.6

图　2.7

（7）求两个数 m 和 n 的最大公约数。

解：流程图见图 2.9。

（8）求方程式 $ax^2+bx+c=0$ 的根。分别考虑：①有两个不等的实根；②有两个相等的实根。

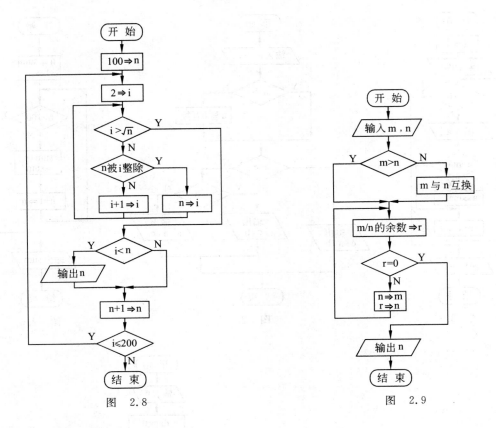

图 2.8

图 2.9

解：流程图见图2.10。

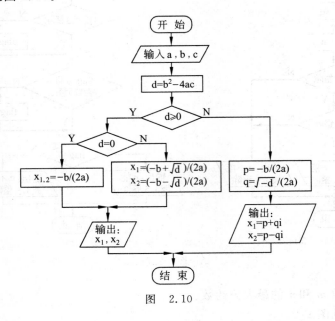

图 2.10

5. 用 N-S 图表示第 4 题中各题的算法。

(1) 有两个瓶子 A 和 B,分别盛放醋和酱油,要求将它们互换(即 A 瓶原来盛醋,现改盛酱油,B 瓶则相反)。

解：N-S 流程图见图 2.11。

（2）依次将 10 个数输入,要求将其中最大的数输出。

解：N-S 流程图见图 2.12。

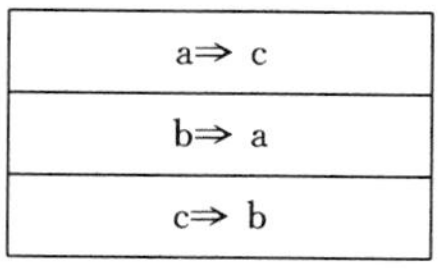

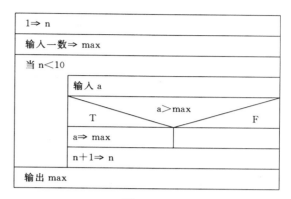

图 2.11

图 2.12

（3）有 3 个数 a,b,c,要求按大小顺序把它们输出。

解：N-S 流程图见图 2.13。

（4）求 $1+2+3+\cdots+100$。

解：N-S 流程图见图 2.14。

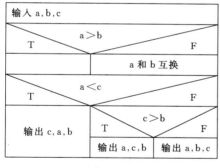

图 2.13

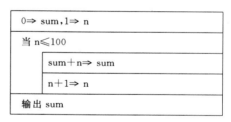

图 2.14

（5）判断一个数 n 能否同时被 3 和 5 整除。

解：N-S 流程图见图 2.15。

（6）将 $100\sim200$ 之间的素数输出。

解：流程图见图 2.16。

（7）求两个数 m 和 n 的最大公约数。

解：流程图见图 2.17。

（8）求方程式 $ax^2+bx+c=0$ 的根。分别考虑：①有两个不等的实根；②有两个相等的实根。

解：流程图见图 2.18。

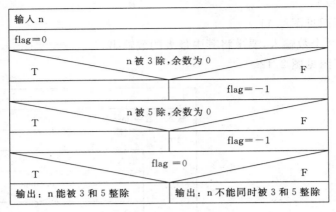

图 2.15

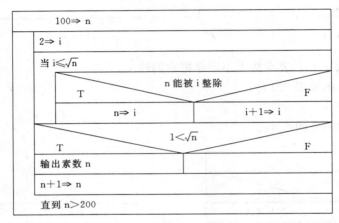

图 2.16

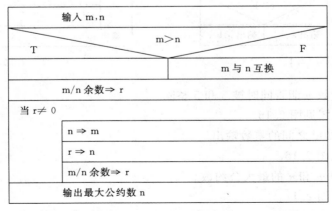

图 2.17

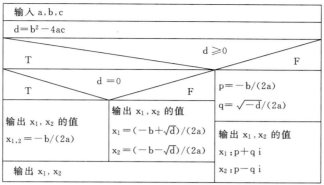

输入 a, b, c			
$d = b^2 - 4ac$			
	$d \geqslant 0$		
T			F
$d = 0$			$p = -b/(2a)$
T	F		$q = \sqrt{-d}/(2a)$
输出 x_1, x_2 的值 $x_{1,2} = -b/(2a)$	输出 x_1, x_2 的值 $x_1 = (-b + \sqrt{d})/(2a)$ $x_2 = (-b - \sqrt{d})/(2a)$		输出 x_1, x_2 的值 x_1 : $p + q\,i$
输出 x_1, x_2			x_2 : $p - q\,i$

注：i 为 $\sqrt{-1}$。

图　2.18

6. 用伪代码表示第 4 题中各题的算法。

（1）有两个瓶子 A 和 B,分别盛放醋和酱油,要求将它们互换(即 A 瓶原来盛醋,现改盛酱油,B 瓶则相反)。

解：

c＝a
a＝b
b＝c

（2）依次将 10 个数输入,要求将其中最大的数输出。

解：

n＝1
input max
while n＜10 do
   input a
   if a＞max then max＝a
   n＝n＋1
end do
print max

（3）有 3 个数 a, b, c,要求按大小顺序把它们输出。

解：

input a,b,c
if a＜b then swap a,b   (swap a,b 表示 a 和 b 互换)
if a＜c then
   print c,a,b
else
   if c＞b then
     print a,c,b

```
        else
            print a,b,c
        end if
    end if
end if
```

（4）求 $1+2+3+\cdots+100$。

解：

```
sum=0
n=1
while n≤100 do
    sum=sum+n
    n=n+1
end do
print sum
```

（5）判断一个数 n 能否同时被 3 和 5 整除。

解：

```
input n
flag=0
if mod(n,3)≠0 then flag=-1
if mod(n,5)≠0 then flag=-1
if flag=0 then
    print n"能被 3 和 5 整除"
else
    print n"不能被 3 和 5 整除"
end if
```

（6）将 $100\sim200$ 之间的素数输出。

解：

```
n=100
while n≤200 do
    i=2
    while i≤√n
        if mod(n,i)=0 then
            i=n
        else
            i=i+1
        end if
    end do
    if i<√n then print n
    n=m+1
end do
```

（7）求两个数 m 和 n 的最大公约数。

解：

```
input m,n
if m<n then swap m,n
t=mod(m,n)
while r≠0 do
    m=n
    n=r
    r=mod(m,n)
end do
print n
```

（8）求方程式 $ax^2+bx+c=0$ 的根。分别考虑：①有两个不等的实根；②有两个相等的实根。

解：

```
int a,b,c
disc=b²−4ac
if disc≥0 then
    if disc=0 then
        x1,x2=−b/(2a)
    else
        x1=(−b+√disc)/(2a)
        x2=(−b−√disc)/(2a)
    end if
    print x1,x2
else
    p=−b/(2a)
    q=√disc/(2a)
    print p+q,"+",p−q,"i"
end if
```

7. 什么叫结构化程序设计？它的主要内容是什么？

解：略。

8. 用自顶向下、逐步细化的方法进行以下算法的设计：

（1）输出 1900—2000 年中是闰年的年份，符合下面两个条件之一的年份是闰年：①能被 4 整除但不能被 100 整除；②能被 100 整除且能被 400 整除。

解：先画出图 2.19（a），对它细化得图 2.19（b）；对图 2.19（b）中的 S1.1 细化得图 2.19（c）。

（2）求 $ax^2+bx+c=0$ 的根。分别考虑 $d=b^2-4ac$ 大于 0、等于 0 和小于 0 这 3 种情况。

解：先画出图 2.20（a），对其中的 S3 细化为图 2.20（b）；对图 2.20（b）中的 S3.1 细化为图 2.20（c）；对图 2.20（c）中的 S3.1.1 细化为图 2.20（d）；对图 2.20（c）中的 S3.1.2 细化为

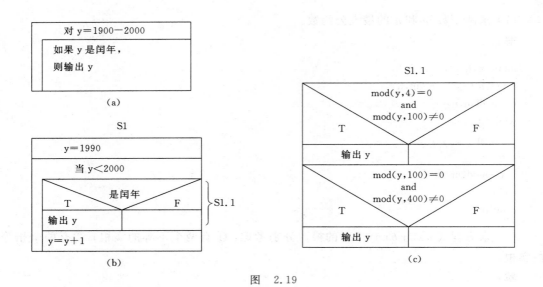

图 2.19

图 2.20(e);再对图 2.20(b)中的 S3.2 细化为图 2.20(f)。请读者将它们合成一个总的 N-S 图。

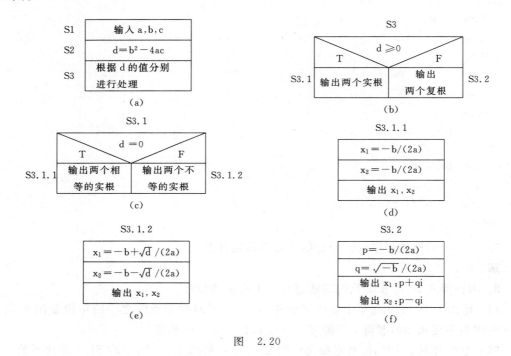

图 2.20

（3）输入 10 个数，输出其中最大的一个数。

解：先初步画出图 2.21(a)。考虑到还没有学习数组的知识，因而不能做到将 10 个数全部输入给数组中各个元素，然后再从中找最大者。由于不采用数组这种数据结构，算法也应与采用数组时有所不同。现在只用普通变量，逐个读入数据，将当时各数中的最大者保留

下来存放在 max 中,以便再与后面读入的数比较。将图 2.21(a)细化为图 2.21(b),再细化
为图 2.21(c)。

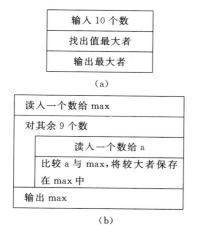

（a）

（b）

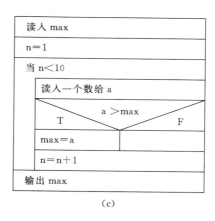

（c）

图 2.21

第3章 最简单的C程序设计
——顺序程序设计

1. 假如我国国民生产总值的年增长率为 10%，计算 10 年后我国国民生产总值与现在相比增长多少百分比。计算公式为：

$$p = (1 + r)^n$$

r 为年增长率，n 为年数，p 为与现在相比的倍数。

解：从附录 D(库函数)可以查到：可以用 pow 函数求 y^x 的值，调用 pow 函数的具体形式是 pow(x,y)。在使用 pow 函数时需要在程序的开头用 ♯include 指令将 <math. h> 头文件包含到本程序模块中。可以用下面的程序求出 10 年后国民生产总值是现在的多少倍。

```
♯include <stdio. h>
♯include <math. h>
int main( )
{float p,r,n;
  r=0.1;
  n=10;
  p=pow(1+r,n);
  printf("p=%f\n",p);
  return 0;
}
```

运行结果：

```
p=2.593742
```

即 10 年后国民生产总值是现在的 2.593742 倍。

2. 存款利息的计算。有 1000 元，想存 5 年，可按以下 5 种办法存：

(1) 一次存 5 年期。

(2) 先存 2 年期，到期后将本息再存 3 年期。

(3) 先存 3 年期，到期后将本息再存 2 年期。

(4) 存 1 年期，到期后将本息存再存 1 年期，连续存 5 次。

(5) 存活期存款。活期利息每一季度结算一次。

2007 年 12 月的银行存款利息如下：

1 年期定期存款利息为 4.14%；

2 年期定期存款利息为 4.68%；

3 年期定期存款利息为 5.4%；

5 年期定期存款利息为 5.85%；

活期存款利息为 0.72%(活期存款每一季度结算一次利息)。

如果 r 为年利率，n 为存款年数，则计算本息和的公式为：

1 年期本息和：$p = 1000 \times (1+r)$；

n 年期本息和：$p = 1000 \times (1+n \times r)$；

存 n 次 1 年期的本息和：$p = 1000 \times (1+r)^n$；

活期存款本息和：$p = 1000 \times \left(1+\dfrac{r}{4}\right)^{4n}$。

说明：$1000 \times \left(1+\dfrac{r}{4}\right)$ 是一个季度的本息和。

解：设 5 年期存款的年利率为 r5，3 年期存款的年利率为 r3，2 年期存款的年利率为 r2，1 年期存款的年利率为 r1，活期存款的年利率为 r0。

设按第 1 种方案存款 5 年得到的本息和为 p1，按第 2 种方案存款 5 年得到的本息和为 p2，按第 3 种方案存款 5 年得到的本息和为 p3，按第 4 种方案存款 5 年得到的本息和为 p4，按第 5 种方案存款 5 年得到的本息和为 p5。

程序如下：

```
#include <stdio.h>
#include <math.h>
int main( )
{float r5,r3,r2,r1,r0,p,p1,p2,p3,p4,p5;
 p=1000;
 r5=0.0585;
 r3=0.054;
 r2=0.0468;
 r1=0.0414;
 r0=0.0072;

 p1=p*(1+r5*5);               //一次存 5 年期
 p2=p*(1+2*r2)*(1+3*r3);      //先存 2 年期，到期后将本息再存 3 年期
 p3=p*(1+3*r3)*(1+2*r2);      //先存 3 年期，到期后将本息再存 2 年期
 p4=p*pow(1+r1,5);            //存 1 年期，到期后将本息再存 1 年期，连续存 5 次
 p5=p*pow(1+r0/4,4*5);        //存活期存款，活期利息每一季度结算一次
 printf("p1=%f\n",p1);        //输出按第 1 种方案得到的本息和
 printf("p2=%f\n",p2);        //输出按第 2 种方案得到的本息和
 printf("p3=%f\n",p3);        //输出按第 3 种方案得到的本息和
 printf("p4=%f\n",p4);        //输出按第 4 种方案得到的本息和
 printf("p5=%f\n",p5);        //输出按第 5 种方案得到的本息和
 return 0;
}
```

运行结果：

```
p1=1292.500000
p2=1270.763184
p3=1270.763184
p4=1224.864014
p5=1036.622314
```

讨论：

（1）程序在编译时出现警告（warning），并告知原因是"'='：truncation from 'const double' to 'float'"（在执行赋值时，出现将双精度常量转换为单精度的情况）。这是由于 Visual C++ 6.0 在编译时把实常数（如程序中的利率）全部按双精度数处理，因此在向 r5，r3 等 float 型变量赋值时，就出现将双精度数赋给单精度变量的情况，这样可能会损失一些精度，故向用户提醒，请用户考虑是否要修改。警告只是提醒，程序可以正常运行，但得到的结果可能会出现一些误差，如果用户认为误差可以容忍，可不理会警告，继续进行连接和运行。

（2）如果不想出现上面的警告，可以将第 4 行各变量改为 double 型，即：

double r5,r3,r2,r1,r0,p,p1,p2,p3,p4,p5;

由于采用了双精度变量，得到的运算结果会更精确些，最后几位数字与上面的有些差别。

```
p1=5292.500000
p2=1270.763200
p3=1270.763200
p4=1224.863989
p5=1036.622300
```

（3）输出运行结果时，得到 6 位小数，连同整数部分有 10 位数字，而一个 float 型变量只能保证 6 位有效数字，后面几位是无意义的。而且在输出款额时，人们一般只要求精确到两位小数（角、分），因此可以在 printf 函数中用％10.2 格式符输出。最后 5 个语句可改为

```
printf("p1=％10.2f\n",p1);        //输出按第 1 种方案得到的本息和
printf("p2=％10.2f\n",p2);        //输出按第 2 种方案得到的本息和
printf("p3=％10.2f\n",p3);        //输出按第 3 种方案得到的本息和
printf("p4=％10.2f\n",p4);        //输出按第 4 种方案得到的本息和
printf("p5=％10.2f\n",p5);        //输出按第 5 种方案得到的本息和
```

这时的输出结果如下：

```
p1=    5292.50
p2=    1270.76
p3=    1270.76
p4=    1224.86
p5=    1036.62
```

3. 购房从银行贷了一笔款 d，准备每月还款额为 p，月利率为 r，计算多少月能还清。设 d 为 300000 元，p 为 6000 元，r 为 1%。对求得的月份取小数点后一位，对第 2 位小数按四舍五入处理。

提示：计算还清月数 m 的公式如下：

$$m = \frac{\lg p - \lg(p - d \times r)}{\lg(1+r)}$$

可以将公式改写为

$$m = \frac{\lg\left(\dfrac{p}{p - d \times r}\right)}{\lg(1+r)}$$

C 的库函数中有求对数的函数 lg10，是求以 10 为底的对数，lg(p) 表示 $\lg p$。

解：根据以上公式可以很容易写出以下程序：

```
# include <stdio. h>
# include <math. h>
int main( )
{float d=300000,p=6000,r=0.01,m;
 m=lg10(p/(p−d * r))/lg10(1+r);
 printf("m=%6.1f\n",m);
 return 0;
}
```

运行结果：

```
m= 69.7
```

即需要 69.7 个月才能还清。为了验证对第 2 位小数是否已按四舍五入处理,可以将程序第 6 行中的"%6.1f"改为"%6.2f"。此时的输出为

```
m= 69.66
```

可知前面的输出结果是对第 2 位小数按四舍五入处理的。

4. 分析下面的程序：

```
# include <stdio. h>
int main( )
{  char  c1,c2;
   c1=97;
   c2=98;
   printf("c1=%c,c2=%c\n"c1,c2);
   printf("%c1=%d,c2=%d\n",c1,c2);
   return 0;
}
```

（1）运行时会输出什么信息？ 为什么？

解：运行时输出：

```
c1=a,c2=b
c1=97, c2=98
```

第 1 行是将 c1,c2 按%c 的格式输出,97 是字符 a 的 ASCII 代码,98 是字符 b 的 ASCII 代码。

第 1 行是将 c1,c2 按%d 的格式输出,所以输出两个十进制整数。

（2）如果将程序第 4,5 行改为

```
c1=197;
c2=198;
```

运行时会输出什么信息？ 为什么？

解：由于 Visual C++ 6.0 字符型数据是作为 signed char 类型处理的,它存字符的有效范围为 0~127,超过此范围的处理方法,不同的系统得到的结果不同,因而用"%c"格式输

出时,结果是不可预料的。

用"%d"格式输出时,输出 c1＝－59,c2＝－58。这是按补码形式输出的,内存字节中第 1 位为 1 时,作为负数。59 与 197 之和等于 256,58 与 198 之和也等于 256。对此可暂不深究。

只要知道:用 char 类型变量时,给它赋的值应在 0～127 范围内。

(3) 如果将程序第 3 行改为

int c1,c2;

运行时会输出什么信息? 为什么?

解:如果给 c1 和,c2 赋的值是 97 和 98,则输出结果与(1)相同。

如果给 c1 和,c2 赋的值是 197 和 198,则用%c 输出时,是不可预料的字符。用%d 输出时,输出整数 197 和 198,因为它们在 int 类型的有效范围内。

5. 用下面的 scanf 函数输入数据,使 a＝3,b＝7,x＝8.5,y＝71.82,c1＝'A',c2＝'a'。问在键盘上如何输入。

```
# include <stdio. h>
int main( )
{int a,b;
 float x,y;
 char c1,c2;
 scanf("a=%d b=%d",&a,&b);
 scanf("%f %e",&x,&y);
 scanf("%c%c",&c1,&c2);
 printf("a=%d,b=%d,x=%f,y=%f,c1=%c,c2=%c\n",a,b,x,y,c1,c2);
 return 0;
}
```

解:按如下方式在键盘上输入(见下面第 1,2 两行):

```
a=3  b=7
8.5  71.82Aa
a=3,b=7,x=8.500000,y=71.820000,c1=A,c2=a
```

第 3 行是输出的结果。

注意:在输入 8.5 和 71.82 两个实数给 x 和 y 后,应紧接着输入字符 A,中间不要有空格,由于 A 是字母而不是数字,系统在遇到字母 A 时就确定输入给 y 的数值已结束。字符 A 就送到下一个 scanf 语句中的字符变量 c1。如果在输入 8.5 和 71.82 两个实数后输入空格符,会怎么样呢? 情况如下:

```
a=3  b=7
8.5  71.82 Aa
a=3,b=7,x=8.500000,y=71.820000,c1= ,c2=A
```

这时 71.82 后面输入的空格字符就被 c1 读入,c2 读入了字符 A。在输出 c1 时就输出空格,输出 c2 的值为 A。

如果在输入 8.5 和 71.82 两个实数后按回车键,会怎么样呢? 情况如下:

```
a=3  b=7
8.5  71.82
Aa
a=3,b=7,x=8.500000,y=71.820000,c1=
,c2=A
```

上面 3 行是输入,在输入 71.82 后按回车键。在这时"回车"被作为一个字符送到内存输入缓冲区,被 c1 读入(实际上 c1 读入的是回车符的 ASCII 码),字符 A 被 c2 读取,所以在执行 printf 函数输出 c1 时,就输出一个换行,在下一行输出逗号和 c2 的值 A。

在用 scanf 函数输入数据时往往会出现一些意想不到的情况,例如在连续输入不同类型的数据(特别是数值型数据和字符数据连续输入)的情况。要注意回车符是可能被作为一个字符读入的。

通过此例,可以了解怎样正确进行输入数据。这些知识不能靠枯燥地死记规则而掌握,必须善于在实践中注意分析现象,不断总结经验。

6. 请编程序将"China"译成密码,密码规律是:用原来的字母后面第 4 个字母代替原来的字母。例如,字母"A"后面第 4 个字母是"E",用"E"代替"A"。因此,"China"应译为"Glmre"。请编一程序,用赋初值的方法使 c1,c2,c3,c4,c5 这 5 个变量的值分别为 $'C'$, $'h'$,$'i'$,$'n'$,$'a'$,经过运算,使 c1,c2,c3,c4,c5 分别变为 $'G'$,$'l'$,$'m'$,$'r'$,$'e'$。分别用 putchar 函数和 printf 函数输出这 5 个字符。

解:程序如下:

```
# include <stdio. h>
int main( )
{char c1='C',c2='h',c3='i',c4='n',c5='a';
 c1=c1+4;
 c2=c2+4;
 c3=c3+4;
 c4=c4+4;
 c5=c5+4;
 printf("password is %c%c%c%c%c\n",c1,c2,c3,c4,c5);
 return 0;
}
```

运行结果:

```
passworrd is Glmre
```

7. 设圆半径 $r=1.5$,圆柱高 $h=3$,求圆周长、圆面积、圆球表面积、圆球体积、圆柱体积。用 scanf 输入数据,输出计算结果,输出时要求有文字说明,取小数点后 2 位数字。请编程序。

解:程序如下:

```
# include <stdio. h>
int main ( )
{float h,r,l,s,sq,vq,vz;
 float pi=3.141526;
 printf("请输入圆半径 r,圆柱高 h:");
```

```
    scanf("%f,%f",&r,&h);              //要求输入圆半径 r 和圆柱高 h
    l=2*pi*r;                          //计算圆周长 l
    s=r*r*pi;                          //计算圆面积 s
    sq=4*pi*r*r;                       //计算圆球表面积 sq
    vq=3.0/4.0*pi*r*r*r;               //计算圆球体积 vq
    vz=pi*r*r*h;                       //计算圆柱体积 vz
    printf("圆周长为：         l=%6.2f\n",l);
    printf("圆面积为：         s=%6.2f\n",s);
    printf("圆球表面积为：     sq=%6.2f\n",sq);
    printf("圆球体积为：       v=%6.2f\n",vq);
    printf("圆柱体积为：       vz=%6.2f\n",vz);
    return 0;
}
```

运行结果：

```
请输入圆半径r，圆柱高h:1.5,3
圆周长为：         l=  9.42
圆面积为：         s=  7.07
圆球表面积为：     sq= 28.27
圆球体积为：       v=  7.95
圆柱体积为：       vz= 21.21
```

说明：如果用 Visual C++ 6.0 中文版对程序进行编译,在程序中可以使用中文字符串。在输出时也能显示汉字。如果用英文的 C 编译系统,则无法使用中文字符串,读者可以改用英文字符串。

8. 编程序,用 getchar 函数读入两个字符给 c1 和 c2,然后分别用 putchar 函数和 printf 函数输出这两个字符。思考以下问题：

(1) 变量 c1 和 c2 应定义为字符型还是整型？或二者皆可？

(2) 要求输出 c1 和 c2 值的 ASCII 码,应如何处理？用 putchar 函数还是 printf 函数？

(3) 整型变量与字符变量是否在任何情况下都可以互相代替？如：

char c1,c2;

与

int c1,c2;

是否无条件地等价？

解：程序如下：

```
#include <stdio.h>
int main()
{
    char c1,c2;
    printf("请输入两个字符 c1,c2:");
    c1=getchar();
    c2=getchar();
    printf("用 putchar 语句输出结果为:");
    putchar(c1);
```

```
    putchar(c2);
    printf("\n");
    printf("用 printf 语句输出结果为:");
    printf("%c %c\n",c1,c2);
    return 0;
}
```

运行结果:

```
请输入两个字符c1,c2:ab
用putchar语句输出结果为:ab
用printf语句输出结果为:a b
```

注意:连续用两个 getchar 函数时是怎样输入字符的。a 和 b 之间没有空格,连续输入。

如果分两行输入:

a ↙

b ↙

结果会怎样?

运行结果:

```
请输入两个字符c1,c2:a
用putchar语句输出结果为:a

用printf语句输出结果为:a
```

第 1 行是输入数据,输入 a 后按回车键。结果还未来得及输入 b,程序马上输出了其下 4 行结果(包括 2 个空行)。

因为第 1 行将 a 和换行符输入到内存的输入缓冲区,因此 c1 得到 a(ASCII 代码为 97),c2 得到换行符(ASCII 代码为 10)。再用 putchar 函数输出 c1,就输出了字符 a,在输出 c2 时,就把换行符转换为回车和换行两个操作,输出一个换行,后面的 printf("\n")又输出一个换行,所以就相当于输出一个空行,此行不显示任何字符。后面用 printf 函数输出 c1 和 c2,同样也输出了字符 a 和一个空行。

注意:在用连续两个 getchar 输入两个字符时,只要输入了"a ↙",系统就会认为用户已输入了两个字符。所以应当连续输入 ab 两个字符然后再按"回车"键,这样就保证了 c1 和 c2 分别得到字符 a 和 b。

下面回答思考问题:

(1) c1 和 c2 可以定义为字符型或整型,二者皆可。

(2) 可以用 printf 函数输出,在 printf 函数中用%d 格式符,即:

printf("%d,%d\n",c1,c2);

(3) 字符变量在计算机内占 1 个字节,而整型变量占 2 个或 4 个字节。因此整型变量在可输出字符的范围内(ASCII 码为 0~127 之间的字符)是可以与字符数据互相转换的。如果整数在此范围外,不能代替。

为了进一步说明 char 型与 int 型数据的关系,请注意分析以下 3 个程序:

程序 1：

```
# include <stdio. h>
int main( )
{
    int c1,c2;                      //定义整型变量 c1,c2
    printf("请输入两个整数 c1,c2:");
    scanf("%d,%d",&c1,&c2);
    printf("按字符输入结果:\n");
    printf("%c,%c\n",c1,c2);
    printf("按 ASCII 码输入出结果为:\n");
    printf("%d,%d\n",c1,c2);
    return 0;
}
```

运行结果：

```
请输入两个整数c1,c2:97,98
按字符输出结果:
a,b
按ASCII码输出结果为:
97,98
```

程序 2：

```
# include <stdio. h>
int main( )
{
    char c1,c2;                  //c1,c2 定义为字符型变量
    int i1,i2;                    //定义整型变量
    printf("请输入两个字符 c1,c2:");
    scanf("%c,%c",&c1,&c2);
    i1=c1;                       //赋值给整型变量
    i2=c2;
    printf("按字符输入结果:\n");
    printf("%c,%c\n",i1,i2);
    printf("按整数输入出结果:\n");
    printf("%d,%d\n",c1,c2);
    return 0;
}
```

运行结果：

```
请输入两个字符c1,c2:a,b
按字符输出结果:
a,b
按整数输出结果:
97,98
```

程序 3：

```
# include <stdio. h>
```

```
int main( )
{
    char c1,c2;                 //c1,c2 定义为字符型
    int i1,i2;                  //i1,i2 定义为整型
    printf("请输入两个整数 i1,i2:");
    scanf("%d,%d",&i1,&i2);
    c1＝i1;                     //将整数赋值给字符变量
    c2＝i2;
    printf("按字符输入结果:\n");
    printf("%c,%c\n",c1,c2);
    printf("按整数输入出结果:\n");
    printf("%d,%d\n",c1,c2);
    return 0;
}
```

运行结果：

```
请输入两个整数i1,i2:289,330
按字符输出结果:
!,J
按整数输出结果:
33,74
```

请注意 i,i1 和 i2 占 2 个或 4 个字节（Visual C++ 对它分配 4 个字节），而 c1 和 c2 是字符变量，只占 1 个字节，如果是 unsigned char 类型，可以存放 0～255 范围内的整数，如果是 signed char 类型，可以存放 -128～127 范围内的整数。而现在在输入给 i1 和 i2 的值已超过 0～255 的范围，i1 的值为 289，在内存中 i1 的存储情况如图 3.1(a) 所示（为简单起见，用 2 个字节表示），在赋给字符变量 c1 时，只将其存储单元中最后一个字节（低 8 位）赋给 c1，见图 3.1(b)。而图 3.1(b) 中的数据是整数 33，是字符'!'的 ASCII 代码，所以用字符形式输出 c1 时，会输出字符'!'。图 3.2 表示 i2 和 c2 的情况，c2 的值为 74，是字符'J'的 ASCII 码，因此。按字符形式输出 c2 时就输出字符'j'。

i1=289	c1=33	i1=330	c1=74
00000001 00100001	00100001	00000001 01001010	01001010
(a)	(b)	(a)	(b)
图 3.1		图 3.2	

第4章 选择结构程序设计

1. 什么是算术运算？什么是关系运算？什么是逻辑运算？

解：略。

2. C 语言中如何表示"真"和"假"？系统如何判断一个量的"真"和"假"？

解：如果有一个逻辑表达式,若其值为"真",则以 1 表示,若其值为"假",则以 0 表示。但是在判断一个逻辑量的值时,系统会以 0 作为"假",以非 0 作为"真"。例如 3 && 5 的值为"真",系统给出 3 && 5 的值为 1。

3. 写出下面各逻辑表达式的值。设 a=3,b=4,c=5。

(1) a+b>c && b==c

(2) a||b+c && b−c

(3) !(a>b) && !c||1

(4) !(x=a) && (y=b) && 0

(5) !(a+b)+c−1 && b+c/2

解：

(1) 0

(2) 1

(3) 1

(4) 0

(5) 1

4. 有 3 个整数 a,b,c,由键盘输入,输出其中最大的数。

解：

方法一：N-S 图见图 4.1。

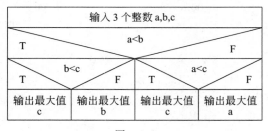

图 4.1

程序如下：

```
# include <stdio. h>
int main( )
{
```

```
  int a,b,c;
  printf("请输入三个整数:");
  scanf("%d,%d,%d",&a,&b,&c);
  if (a<b)
    if (b<c)
      printf("max=%d\n",c);
    else
      printf("max=%d\n",b);
  else if (a<c)
      printf("max=%d\n",c);
  else
      printf("max=%d\n",a);
  return 0;
}
```

运行结果:

```
请输入三个整数:12,34,9
max=34
```

方法二:使用条件表达式,可以使程序更简明、清晰。

```
#include <stdio.h>
int main( )
{ int a,b,c,temp,max;
  printf("请输入三个整数:");
  scanf("%d,%d,%d",&a,&b,&c);
  temp=(a>b)? a:b;        //将 a 和 b 中的大者存入 temp 中
  max=(temp>c)? temp:c; //将 a 和 b 中的大者与 c 比较,取最大者
  printf("三个整数的最大数是%d\n",max);
  return 0;
}
```

运行结果:

```
请输入三个整数:12,34,9
三个整数的最大数是34
```

5. 从键盘输入一个小于 1000 的正数,要求输出它的平方根(如平方根不是整数,则输出其整数部分)。要求在输入数据后先对其进行检查是否为小于 1000 的正数。若不是,则要求重新输入。

解:

```
#include <stdio.h>
#include <math.h>
#define M 1000
int main( )
{
  int i,k;
```

```
      printf("请输入一个小于%d的整数 i:",M);
      scanf("%d",&i);
      if (i>M)
      {printf("输入的数据不符合要求,请重新输入一个小于%d的整数 i:",M);
        scanf("%d",&i);
      }
      k=sqrt(i);
      printf("%d的平方根的整数部分是%d\n",i,k);
      return 0;
}
```

运行结果:

① 第一次:输入正确数据。

```
请输入一个小于1000的整数i:345
345的平方根的整数部分是: 18
```

② 第二次:输入不正确数据。

```
请输入一个小于1000的整数i:1230
输入的数不符合要求, 请重新输入一个小于1000的整数i:130
130的平方根的整数部分是: 11
```

讨论:题目要求输入的数小于 1000,今为了增加程序的灵活性,定义符号常量 M 为
1000,如果题目要求输入的数小于 10000,只须修改 define 指令则可,不必修改主函数。

用 if 语句检查输入的数是否符合要求,如果不符合要求应进行相应的处理。从上面的
程序看来是很简单的,但这却是在实际应用中很有用的。因为在程序提供用户使用后,不能
保证用户输入的数据都是符合要求的。假若用户输入了不符合要求的数据怎么办? 如果没
有检查和补救措施的话,程序是不能供实际使用的。

本程序的处理方法是:提醒用户"输入的数据错了",要求重新输入。但只提醒一次,再
错了怎么办? 在学习了第 5 章循环之后,可以将程序改为多次检查,直到正确输入为止。程
序如下:

```
#include <stdio.h>
#include <math.h>
#define M 1000
int main( )
{
  int i,k;
  printf("请输入一个小于%d的整数 i:",M);
  scanf("%d",&i);
  while (i>M)
    {printf("输入的数据不符合要求,请重新输入一个小于%d的整数 i:",M);
      scanf("%d", &i);
      k=sqrt(i);
    }
```

```
    printf("%d 的平方根的整数部分是%d\n",i,k);
    return 0;
}
```

运行结果：

```
请输入一个小于1000的整数i:1230
输入的数不符合要求，请重新输入一个小于1000的整数i:1245
输入的数不符合要求，请重新输入一个小于1000的整数i:654
654的平方根的整数部分是：25
```

多次输入不符合要求的数据,均通不过,直到输入符合要求的数据为止。

这种检查手段是很重要的,希望读者能真正掌握。本例只是示意性的,程序比较简单。有了此基础,读者根据此思路完全可以做到对任何条件进行检查处理,使程序能正常运行,万无一失。

6. 有一个函数：

$$y = \begin{cases} x & (x < 1) \\ 2x - 1 & (1 \leqslant x < 10) \\ 3x - 11 & (x \geqslant 10) \end{cases}$$

写程序,输入 x 的值,输出 y 相应的值。

解：程序如下：

```
# include <stdio.h>
int main( )
{ int x,y;
  printf("输入 x:");
  scanf("%d",&x);
  if(x<1)                         //x<1
  { y=x;
    printf("x=%3d，   y=x=%d\n",x,y);
    }
  else   if(x<10)                 //1=<x<10
    { y=2 * x-1;
      printf("x=%d，  y=2 * x-1=%d\n",x,y);
    }
  else                            //x>=10
    { y=3 * x-11;
      printf("x=%d，  y=3 * x-11=%d\n",x,y);
    }
  return 0;
}
```

运行结果：

①

```
输入x:4
x=4，   y=2*x-1=7
```

②

```
输入x:-1
x= -1,    y=x=-1
```

③

```
输入x:20
x=20,   y=3*x-11=49
```

7. 有一函数：

$$y = \begin{cases} -1 & (x < 0) \\ 0 & (x = 0) \\ 1 & (x > 0) \end{cases}$$

有人分别编写了以下两个程序,请分析它们是否能实现题目要求。不要急于上机运行程序,先分析上面两个程序的逻辑,画出它们的流程图,分析它们的运行情况。然后上机运行程序,观察和分析结果。

(1)

```c
#include <stdio.h>
int main()
{
    int x,y;
    printf("enter x:");
    scanf("%d",&x);
    y=-1;
    if(x!=0)
      if(x>0)
        y=1;
    else
      y=0;
  printf("x=%d,y=%d\n",x,y);
  return 0;
}
```

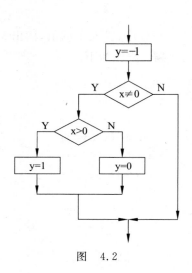

图 4.2

解：程序(1)的流程图见图4.2。

它不能实现题目的要求。如果输入的 x<0,则输出 y=0。请注意 else 与 if 的配对关系。程序(1)中的 else 子句是和第9行的内嵌的 if 语句配对,而不与第8行的 if 语句配对。

运行结果：

```
enter x:-6
x=-6,y=0
```

x 的值为-6,输出 y=0,结果显然不对。

(2)

```c
#include <stdio.h>
int main()
{
```

```
int x,y;
printf("enter x:");
scanf("%d",&x);
y=0;
if(x>=0)
    if(x>0) y=1;
else    y=-1;
printf("x=%d,y=%d\n",x,y);
return 0;
}
```

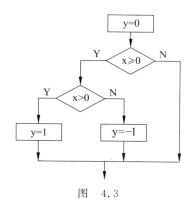

图 4.3

解：程序(2)的流程图见图 4.3。

它也不能实现题目的要求。如果输入的 x<0,则输出 y=0。

运行结果：

```
please enter x:-4
x=-4,y=0
```

x 的值为－4,输出 y=0,结果显然不对。程序(2)中的 else 子句是和第 9 行的内嵌的 if 语句配对,而不与第 8 行的 if 语句配对。

一定要注意 if 与 else 的配对关系。配对关系不随 if 和 else 所出现的列的位置而改变,例如程序(2)中的 else 与第 8 行的 if 写在同一列,但 else 并不因此而与第 8 行的 if 语句配对,它只和在它前面的离它最近的 if 配对。

请和教材第 4 章例 4.5 程序对比分析,进一步理解 if-else 的配对规则。

为了使逻辑关系清晰,避免出错,一般把内嵌的 if 语句放在外层的 else 子句中(如例 4.5 中程序 1 那样),这样由于有外层的 else 相隔,内嵌的 else 不会被误认为和外层的 if 配对,而只能与内嵌的 if 配对,这样就不会搞混,若像本习题的程序(1)和程序(2)那样写就很容易出错。

可与本章例 4.5 中介绍的程序进行对比分析。

8. 给出一百分制成绩,要求输出成绩等级'A'、'B'、'C'、'D'、'E'。90 分以上为'A',80～89 分为'B',70～70 分为'C',60～69 分为'D',60 分以下为'E'。

解：程序如下:

```
#include <stdio.h>
int main()
{ float score;
    char grade;
    printf("请输入学生成绩:");
    scanf("%f",&score);
    while (score>100||score<0)
    {printf("\n 输入有误,请重输");
        scanf("%f",&score);
    }
    switch((int)(score/10))
    {case 10:
```

```
        case 9：grade='A'；break；
        case 8：grade='B'；break；
        case 7：grade='C'；break；
        case 6：grade='D'；break；
        case 5：
        case 4：
        case 3：
        case 2：
        case 1：
        case 0：grade='E'；
            }
    printf("成绩是 %5.1f,相应的等级是%c\n",score,grade);
    return 0；
}
```

运行结果：

①

```
请输入学生成绩:90.5
成绩是  90.5,相应的等级是A
```

②

```
请输入学生成绩:58
成绩是  58.0,相应的等级是E
```

说明：对输入的数据进行检查，如小于 0 或大于 100,要求重新输入。(int)(score/10) 的作用是将(score/10)的值进行强制类型转换,得到一个整型值。例如,当 score 的值为 78 时,(int)(score/10)的值为 7。然后在 switch 语句中执行 case 7 中的语句,使 grade='C'。

9. 给一个不多于 5 位的正整数,要求：
① 求出它是几位数；
② 分别输出每一位数字；
③ 按逆序输出各位数字,例如原数为 321,应输出 123。

解：程序如下：

```
#include <stdio.h>
#include <math.h>
int main( )
{
    int num,indiv,ten,hundred,thousand,ten_thousand,place;
                        //分别代表个位,十位,百位,千位,万位和位数
    printf("请输入一个整数(0-99999):");
    scanf("%d",&num);
    if (num>9999)
        place=5；
    else  if (num>999)
        place=4；
    else  if (num>99)
```

```c
                  place=3;
      else   if(num>9)
              place=2;
      else place=1;
      printf("位数:%d\n",place);
      printf("每位数字为:");
      ten_thousand=num/10000;
      thousand=(int)(num-ten_thousand*10000)/1000;
      hundred=(int)(num-ten_thousand*10000-thousand*1000)/100;
      ten=(int)(num-ten_thousand*10000-thousand*1000-hundred*100)/10;
      indiv=(int)(num-ten_thousand*10000-thousand*1000-hundred*100-ten*10);
      switch(place)
        {case 5:printf("%d,%d,%d,%d,%d",ten_thousand,thousand,hundred,ten,indiv);
                printf("\n 反序数字为:");
                printf("%d%d%d%d%d\n",indiv,ten,hundred,thousand,ten_thousand);
                break;
         case 4:printf("%d,%d,%d,%d",thousand,hundred,ten,indiv);
                printf("\n 反序数字为:");
                printf("%d%d%d%d\n",indiv,ten,hundred,thousand);
                break;
         case 3:printf("%d,%d,%d",hundred,ten,indiv);
                printf("\n 反序数字为:");
                printf("%d%d%d\n",indiv,ten,hundred);
                break;
         case 2:printf("%d,%d",ten,indiv);
                printf("\n 反序数字为:");
                printf("%d%d\n",indiv,ten);
                break;
         case 1:printf("%d",indiv);
                printf("\n 反序数字为:");
                printf("%d\n",indiv);
                break;
        }
   return 0;
 }
```

运行结果:

```
请输入一个整数(0-99999):98423
位数:5
每位数字为:9,8,4,2,3
反序数字为:32489
```

10. 企业发放的奖金根据利润提成。利润 I 低于或等于 100000 元的,奖金可提 10%;利润高于 100000 元,低于 200000 元(100000<I≤200000)时,低于 100000 元的部分按 10%提成,高于 100000 元的部分,可提成 7.5%;200000<I≤400000 时,低于 200000 元的部分仍按上述办法提成(下同)。高于 200000 元的部分按 5%提成;400000<I≤600000 元时,高

于 400000 元的部分按 3% 提成;600000 < I ≤ 1000000 时,高于 600000 元的部分按 1.5% 提成;I > 1000000 时,超过 1000000 元的部分按 1% 提成。从键盘输入当月利润 I,求应发奖金总数。

要求:

(1) 用 if 语句编程序。

(2) 用 switch 语句编程序。

解:

(1) 用 if 语句编程序。

```c
#include <stdio.h>
int main( )
{
  int i;
  double bonus,bon1,bon2,bon4,bon6,bon10;
  bon1=100000 * 0.1;
  bon2=bon1+100000 * 0.075;
  bon4=bon2+100000 * 0.05;
  bon6=bon4+100000 * 0.03;
  bon10=bon6+400000 * 0.015;
  printf("请输入利润 i:");
  scanf("%d",&i);
  if (i<=100000)
      bonus=i * 0.1;
  else if (i<=200000)
      bonus=bon1+(i-100000) * 0.075;
  else if (i<=400000)
      bonus=bon2+(i-200000) * 0.05;
  else if (i<=600000)
      bonus=bon4+(i-400000) * 0.03;
  else if (i<=1000000)
      bonus=bon6+(i-600000) * 0.015;
  else
      bonus=bon10+(i-1000000) * 0.01;
  printf("奖金是:%10.2f\n",bonus);
  return 0;
}
```

运行结果:

```
请输入利润i:234000
奖金是:  19200.00
```

此题的关键在于正确写出每一区间的奖金计算公式。例如利润在 100000 元至 200000 元时,奖金应由两部分组成:

① 利润为 100000 元时应得的奖金,即 100000 元×0.1。

② 100000 元以上部分应得的奖金,即(num−100000)×0.075 元。

同理,200000~400000 元这个区间的奖金也应由两部分组成:

① 利润为 200000 元时应得的奖金,即 100000×0.1+100000×0.075。

② 200000 元以上部分应得的奖金,即(num−200000)×0.05 元。

程序中先把 100000 元、200000 元、400000 元、600000 元、1000000 元各关键点的奖金计算出来,即 bon1,bon2,bon4,bon6 和 bon10。然后再加上各区间附加部分的奖金即可。

(2) **用 switch 语句编程序**。

N-S 图见图 4.4。

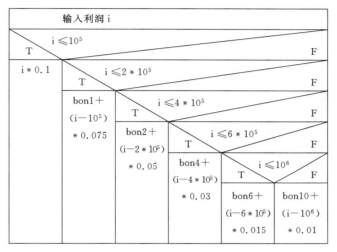

图 4.4

```
# include <stdio.h>
int main( )
{
    int i;
    double  bonus,bon1,bon2,bon4,bon6,bon10;
    int   branch;
    bon1=100000 * 0.1;
    bon2=bon1+100000 * 0.075;
    bon4=bon2+200000 * 0.05;
    bon6=bon4+200000 * 0.03;
    bon10=bon6+400000 * 0.015;
    printf("请输入利润 i:");
    scanf("%d",&i);
    branch=i/100000;
    if(branch>10)   branch=10;
    switch(branch)
    {  case 0:bonus=i * 0.1;break;
        case 1:bonus=bon1+(i−100000) * 0.075;break;
        case 2:
```

```
        case 3：bonus＝bon2＋(i－200000) * 0.05；break；
        case 4：
        case 5：bonus＝bon4＋(i－400000) * 0.03；break；
        case 6：
        case 7：
        case 8：
        case 9：bonus＝bon6＋(i－600000) * 0.015；break；
        case 10：bonus＝bon10＋(i－1000000) * 0.01；
    }
    printf("奖金是 ％10.2f\n",bonus)；
    return 0；
}
```

运行结果：

请输入利润i:156890
奖金是   14266.75

11. 输入 4 个整数,要求按由小到大的顺序输出。

解：此题采用依次比较的方法排出其大小顺序。在学习了循环和数组以后,可以掌握更多的排序方法。

程序如下：

```
# include ＜stdio. h＞
int main( )
{int   t,a,b,c,d；
 printf("请输入四个数:")；
 scanf("％d,％d,％d,％d",&a,&b,&c,&d)；
 printf("a＝％d,b＝％d,c＝％d,d＝％d\n",a,b,c,d)；
 if (a＞b)
    { t＝a；a＝b；b＝t；}
 if (a＞c)
    { t＝a；a＝c；c＝t；}
 if (a＞d)
    { t＝a；a＝d；d＝t；}
 if (b＞c)
    { t＝b；b＝c；c＝t；}
 if (b＞d)
    { t＝b；b＝d；d＝t；}
 if (c＞d)
    { t＝c；c＝d；d＝t；}
 printf("排序结果如下：\n")；
 printf("％d  ％d  ％d  ％d \n"   ,a,b,c,d)；
 return 0；
}
```

运行结果：

```
请输入四个数:6,8,1,4
a=6,b=8,c=1,d=4
排序结果如下:
1 4 6 8
```

12. 有 4 个圆塔,圆心分别为(2,2)、(−2,2)、(−2,−2)、(2,−2),圆半径为 1,见图 4.5。这 4 个塔的高度为 10m,塔以外无建筑物。今输入任一点的坐标,求该点的建筑高度(塔外的高度为零)。

解:N-S 图见图 4.6。

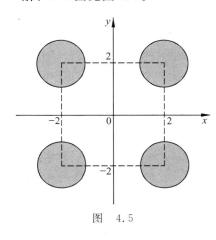

图 4.5

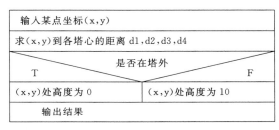

图 4.6

程序如下:

```c
# include <stdio.h>
int main( )
{
    int   h=10;
    float x1=2,y1=2,x2=−2,y2=2,x3=−2,y3=−2,x4=2,y4=−2,x,y,d1,d2,d3,d4;
    printf("请输入一个点(x,y):");
    scanf("%f,%f",&x,&y);
    d1=(x−x4)*(x−x4)+(y−y4)*(y−y4);          //求该点到各中心点距离
    d2=(x−x1)*(x−x1)+(y−y1)*(y−y1);
    d3=(x−x2)*(x−x2)+(y−y2)*(y−y2);
    d4=(x−x3)*(x−x3)+(y−y3)*(y−y3);
    if (d1>1 && d2>1 && d3>1 && d4>1)    h=0;     //判断该点是否在塔外
    printf("该点高度为 %d\n",h);
    return 0;
}
```

运行结果:

①

```
请输入一个点(x,y):0.5,0.7
该点高度为 0
```

②

```
请输入一个点(x,y):2.1,2.3
该点高度为 10
```

关于闰年问题的说明：

在教材第 4 章中举了计算闰年的例子,有的读者对闰年规则搞不清楚,纷纷来信询问。因此,有必要在此对闰年的规定作一些说明：

地球绕太阳转一周的实际时间为 365 天 5 小时 48 分 46 秒。如果一年只有 365 天,每年就多出 5 个多小时。4 年多出的 23 小时 15 分 4 秒,差不多等于一天。于是决定每 4 年增加 1 天。但是,它比一天 24 小时又少了约 45 分钟。如果每 100 年有 25 个闰年的话,就少了 18 时 43 分 20 秒,这就差不多等于一天了,这显然是不合适的。

可以算出,每年多出 5 小时 48 分 46 秒,100 年就多出 581 小时 16 分 40 秒。而 25 个闰年需要 $25 \times 24 = 600$ 小时。581 小时 16 分 40 秒只够 24 个闰年($24 \times 24 = 576$ 小时),于是决定每 100 年只安排 24 个闰年(世纪年不作为闰年)。但是这样每 100 年又多出 5 小时 16 分 40 秒(581 小时 16 分 40 秒－576 小时),于是又决定每 400 年增加一个闰年。这样就比较接近实际情况了。

根据以上情况,决定闰年按以下规则计算：闰年应能被 4 整除(如 2004 年是闰年,而 2001 年不是闰年),但不是所有能被 4 整除的年份都是闰年。在能被 100 整除的年份中,只有同时能被 400 整除的年份才是闰年(如 2000 年是闰年),能被 100 整除而不能被 400 整除的年份(如 1800、1900、2100)不是闰年。这是国际公认的规则。只说"能被 4 整除的年份是闰年"是不准确的。

教材中介绍的方法和程序是正确的。

第5章 循环结构程序设计

1. 请画出例 5.6 中给出的 3 个程序段的流程图。

解：下面分别是教材第 5 章例 5.6 给出的程序，据此画出流程图。

(1) 程序 1：

```
# include <stdio. h>
int main( )
{
  int i,j,n=0;
  for (i=1;i<=4;i++)
    for (j=1;j<=5;j++,n++)      //n 用来累计输出数据的个数
      { if (n%5==0) printf ("\n");   //控制在输出 5 个数据后换行
        printf ("%d\t",i * j);
      }
  printf("\n");
  return 0;
}
```

其对应的流程图见图 5.1。

运行结果：

1	2	3	4	5
2	4	6	8	10
3	6	9	12	15
4	8	12	16	20

(2) 程序 2：

```
# include <stdio. h>
int main( )
{
  int i,j,n=0;
  for (i=1;i<=4;i++)
    for (j=1;j<=5;j++,n++)
      { if(n%5==0) printf("\n");          //控制在输出 5 个数据后换行
        if (i==3 && j==1) break;          //遇到第 3 行第 1 列,结束内循环
        printf("%d\t",i * j);
      }
  printf("\n");
  return 0;
}
```

其对应的流程图见图 5.2。

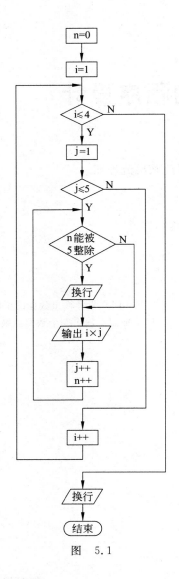

图 5.1

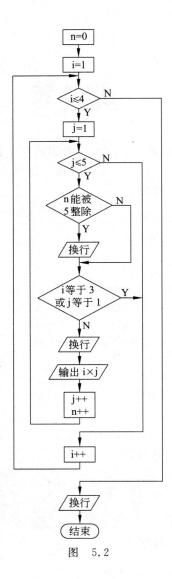

图 5.2

运行结果：

```
1        2        3        4        5
2        4        6        8        10

4        8        12       16       20
```

遇到第 3 行第 1 列时，执行 break，结束内循环，进行第 4 次外循环。

（3）**程序 3：**

```c
#include <stdio.h>
int main( )
{
    int i,j,n=0;
    for (i=1;i<=4;i++)
        for (j=1;j<=5;j++,n++)
```

```
    { if(n%5==0)printf("\n");            //控制在输出 5 个数据后换行
      if (i==3 && j==1) continue;        //遇到第 3 行第 1 列,终止本次内循环
      printf("%d\t",i * j);
    }
  printf("\n");
  return 0;
}
```

其对应的流程图见图 5.3。

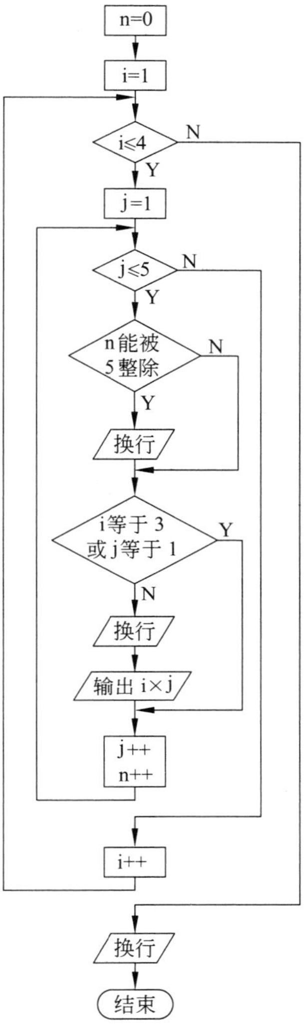

运行结果:

```
1       2       3       4       5
2       4       6       8       10
6       9       12      15
4       8       12      16      20
```

遇到第 3 行第 1 列时,执行 continue,只是提前结束本次内循环,不输出原来的第 3 行第 1 列的数 3,而进行下一次内循环,接着在该位置上输出原来的第 3 行第 2 列的数 6。

请仔细区分 break 语句和 continue 语句。

2. 请补充教材例 5.7 程序,分别统计当"fabs(t)≥1e−6"和"fabs(t)≥1e−8"时,执行循环体的次数。

解: 例 5.7 程序是用 $\frac{\pi}{4} \approx 1 - \frac{1}{3} + \frac{1}{5} - \frac{1}{7} + \cdots$ 公式求 π 的近似值,直到发现某一项的绝对值小于 10^{-6} 为止。根据本题要求,分别统计当 fabs(t)≥1e−6 和 fabs(t)≥1e−8 时,执行循环体的次数。

(1) 采用 fabs(t)≥1e−6 作为循环终止条件的程序补充修改如下:

```
# include <stdio. h>
# include <math. h>
                //程序中用到数学函数 fabs,应包含头文件 math. n
int main( )
{
  int sign=1,count=0;
                  //sign 用来表示数值的符号,count 用来累计循环次数
  double pi=0.0,n=1.0,term=1.0;   //pi 开始代表多项式的值,最后代表 π 的值,n 代表分母,
                                  //term 代表当前项的值
  while(fabs(term)>=1e-6)  //检查当前项 term 的绝对值是否大于或等于 10 的(−6)次方
  {
    pi=pi+term;            //把当前项 term 累加到 pi 中
    n=n+2;                 //n+2 是下一项的分母
    sign=-sign;            //sign 代表符号,下一项的符号与上一项符号相反
    term=sign/n;           //求出下一项的值 term
    count++;               //count 累加 1
  }
```

图 5.3

```
pi＝pi * 4;                              //多项式的和 pi 乘以 4,才是 π 的近似值
printf("pi＝%10. 8f\n",pi);              //输出 π 的近似值
printf("count＝%d\n",count);             //输出 count 的值
return 0;
}
```

运行结果：

```
pi=3.14159065
count=500000
```

执行 50 万次循环。

（2）采用 fabs(t)＞＝1e－8 作为循环终止条件的程序,只须把上面程序的第 8 行如下即可：

```
while(fabs(term)＞＝1e－8)
```

运行结果：

```
pi=3.14159263
count=50000000
```

执行 5000 万次循环。

3. 输入两个正整数 m 和 n,求其最大公约数和最小公倍数。

解：程序如下：

```
#include <stdio. h>
int main( )
 {
  int   p,r,n,m,temp;
  printf("请输入两个正整数 n,m:");
  scanf("%d,%d,",&n,&m);
  if (n＜m)
   {
    temp＝n;
    n＝m;
    m＝temp;
   }
  p＝n * m;
  while(m!＝0)
   {
    r＝n%m;
    n＝m;
    m＝r;
   }
  printf("它们的最大公约数为:%d\n",n);
  printf("它们的最小公约数为:%d\n",p/n);
  return 0;
 }
```

运行结果：

请输入两个正整数n,m:35,49
它们的最大公约数为:7
它们的最小公约数为:245

4. 输入一行字符，分别统计出其中英文字母、空格、数字和其他字符的个数。

解：程序如下：

```c
#include <stdio.h>
int main()
{
    char c;
    int letters=0,space=0,digit=0,other=0;
    printf("请输入一行字符:\n");
    while((c=getchar())!='\n')
    {
        if (c>='a' && c<='z' || c>='A' && c<='Z')
            letters++;
        else if (c==' ')
            space++;
        else if (c>='0' && c<='9')
            digit++;
        else
            other++;
    }
    printf("字母数:%d\n 空格数:%d\n 数字数:%d\n 其他字符数：%d\n",letters,space,digit,other);
    return 0;
}
```

运行结果：

请输入一行字符:
I am a student.
字母数:11
空格数:3
数字数:0
其他字符数:1

5. 求 $S_n = a + aa + aaa + \cdots + \overbrace{aa\cdots a}^{n\text{个}a}$ 之值，其中 a 是一个数字，n 表示 a 的位数，例如：$2 + 22 + 222 + 2222 + 22222$（此时 $n=5$），n 由键盘输入。

解：程序如下：

```c
#include <stdio.h>
int main()
{
    int  a,n,i=1,sn=0,tn=0;
    printf("a,n=:");
    scanf("%d,%d",&a,&n);
```

```
        while (i<=n)
    {
        tn=tn+a;                        //赋值后的 tn 为 i 个 a 组成数的值
        sn=sn+tn;                       //赋值后的 sn 为多项式前 i 项之和
        a=a*10;
        ++i;
    }
        printf("a+aa+aaa+...=%d\n",sn);
        return 0;
    }
```

运行结果：

```
a,n=:2,5
a+aa+aaa+...=24690
```

6. 求 $\sum_{n=1}^{20} n!$（即求 $1!+2!+3!+4!+\cdots+20!$）。

解：程序如下：

```
#include <stdio.h>
int main( )
 {double s=0,t=1;
  int n;
  for (n=1;n<=20;n++)
   {
     t=t*n;
     s=s+t;
   }
   printf("1!+2!+...+20!=%22.15e\n",s);
   return 0;
 }
```

运行结果：

```
1!+2!+...+20!=2.561327494111820e+018
```

请注意：s 不应定义为 int 型或 long 型,因为在用 Turbo C 或 Turbo C++ 等编译系统时,int 型数据在内存占 2 个字节,整数的范围为 $-32768\sim32767$,long 数据在内存占 4 个字节,整数的范围为 -21 亿~21 亿。用 Visual C++ 6.0 时,int 型和 long 型数据在内存都占 4 个字节,数据的范围为 -21 亿~21 亿。无法容纳求得的结果。今将 s 定义为 double 型,以得到更多的精度。在输出时,用 22.15e 格式,使数据宽度为 22,数字部分中小数位数为 15 位。

7. 求 $\sum_{k=1}^{100} k + \sum_{k=1}^{50} k^2 + \sum_{k=1}^{10} \frac{1}{k}$。

解：程序如下：

```
#include <stdio.h>
```

```
int main( )
{
    int n1=100,n2=50,n3=10;
    double k,s1=0,s2=0,s3=0;
    for (k=1;k<=n1;k++)                    //计算 1~100 的和
      {s1=s1+k;}
    for (k=1;k<=n2;k++)                    //计算 1~50 各数的平方和
      {s2=s2+k*k;}
    for (k=1;k<=n3;k++)                    //计算 1~10 的各倒数和
      {s3=s3+1/k;}
    printf("sum=%15.6f\n",s1+s2+s3);
    return 0;
}
```

运行结果:

```
sum=    47977.928968
```

8. 输出所有的"水仙花数",所谓"水仙花数"是指一个 3 位数,其各位数字立方和等于该数本身。例如,153 是一水仙花数,因为 $153=1^3+5^3+3^3$。

解:程序如下:

```
#include <stdio.h>
int main( )
{
    int i,j,k,n;
    printf("parcissus numbers are ");
    for (n=100;n<1000;n++)
      {
        i=n/100;
        j=n/10-i*10;
        k=n%10;
        if (n==i*i*i+j*j*j+k*k*k)
            printf("%d ",n);
      }
    printf("\n");
    return 0;
}
```

运行结果:

```
parcissus numbers are 153 370 371 407
```

9. 一个数如果恰好等于它的因子之和,这个数就称为"完数"。例如,6 的因子为 1,2,3,而 6=1+2+3,因此 6 是"完数"。编程序找出 1000 之内的所有完数,并按下面格式输出其因子:

```
6 its factors are 1    2    3
```

解：方法一。

程序如下：

```
#define M 1000                           //定义寻找范围
#include <stdio.h>
int main( )
 {
  int k1,k2,k3,k4,k5,k6,k7,k8,k9,k10;
  int i,a,n,s;
  for (a=2;a<=M;a++)                      //a 是 2~1000 之间的整数,检查它是否完数
   {n=0;                                  //n 用来累计 a 的因子的个数
    s=a;                                  //s 用来存放尚未求出的因子之和,开始时等于 a
     for (i=1;i<a;i++)                    //检查 i 是否 a 的因子
       if (a%i==0)                        //如果 i 是 a 的因子
   {n++;                                  //n 加 1,表示新找到一个因子
    s=s-i;                                //s 减去已找到的因子,s 的新值是尚未求出的因子之和
    switch(n)                             //将找到的因子赋给 k1~k9,或 k10
      {case 1：
          k1=i;   break;                  //找出的第 1 个因子赋给 k1
       case 2：
          k2=i;   break;                  //找出的第 2 个因子赋给 k2
       case 3：
          k3=i;   break;                  //找出的第 3 个因子赋给 k3
       case 4：
          k4=i;   break;                  //找出的第 4 个因子赋给 k4
       case 5：
          k5=i;   break;                  //找出的第 5 个因子赋给 k5
       case 6：
          k6=i;   break;                  //找出的第 6 个因子赋给 k6
       case 7：
          k7=i;   break;                  //找出的第 7 个因子赋给 k7
       case 8：
          k8=i;   break;                  //找出的第 8 个因子赋给 k8
       case 9：
          k9=i;   break;                  //找出的第 9 个因子赋给 k9
       case 10：
          k10=i;   break;                 //找出的第 10 个因子赋给 k10
      }
   }
    if (s==0)
    {
    printf("%d ,Its factors are ",a);
    if (n>1)   printf("%d,%d",k1,k2); //n>1 表示 a 至少有 2 个因子
    if (n>2)   printf(",%d",k3);      //n>2 表示至少有 3 个因子,故应再输出一个因子
    if (n>3)   printf(",%d",k4);      //n>3 表示至少有 4 个因子,故应再输出一个因子
```

```
        if (n>4)    printf(",%d",k5);            //以下类似
        if (n>5)    printf(",%d",k6);
        if (n>6)    printf(",%d",k7);
        if (n>7)    printf(",%d",k8);
        if (n>8)    printf(",%d",k9);
        if (n>9)    printf(",%d",k10);
        printf("\n");
       }
     }
   return 0;
 }
```

运行结果：

```
6 ,Its factors are 1,2,3
28 ,Its factors are 1,2,4,7,14
496 ,Its factors are 1,2,4,8,16,31,62,124,248
```

方法二。

程序如下：

```
#include <stdio.h>
int main( )
 {int m,s,i;
  for (m=2;m<1000;m++)
    {s=0;
     for (i=1;i<m;i++)
       if ((m%i)==0) s=s+i;
     if(s==m)
      {printf("%d,its factors are ",m);
        for (i=1;i<m;i++)
     if (m%i==0)    printf("%d ",i);
        printf("\n");
       }
     }
   return 0;
 }
```

运行结果：

```
6,its factors are 1 2 3
28,its factors are 1 2 4 7 14
496,its factors are 1 2 4 8 16 31 62 124 248
```

10. 有一个分数序列：

$$\frac{2}{1}, \frac{3}{2}, \frac{5}{3}, \frac{8}{5}, \frac{13}{8}, \frac{21}{13}, \cdots$$

求出这个数列的前 20 项之和。

45 •

解：程序如下：

```c
#include <stdio.h>
int main()
{
    int i,n=20;
    double a=2,b=1,s=0,t;
    for (i=1;i<=n;i++)
    {
        s=s+a/b;
        t=a;
        a=a+b;
        b=t;
    }
    printf("sum=%16.10f\n",s);
    return 0;
}
```

运行结果：

```
sum=    32.6602607986
```

11. 一个球从 100m 高度自由落下，每次落地后反跳回原高度的一半，再落下，再反弹。求它在第 10 次落地时，共经过多少米，第 10 次反弹多高。

解：程序如下：

```c
#include <stdio.h>
int main()
{
    double sn=100,hn=sn/2;
    int n;
    for (n=2;n<=10;n++)
    {
        sn=sn+2*hn;                    //第 n 次落地时共经过的米数
        hn=hn/2;                       //第 n 次反跳高度
    }
    printf("第 10 次落地时共经过%f 米\n",sn);
    printf("第 10 次反弹%f 米\n",hn);
    return 0;
}
```

运行结果：

```
第10次落地时共经过299.609375米
第10次反弹0.097656米
```

12. 猴子吃桃问题。猴子第 1 天摘下若干个桃子，当即吃了一半，还不过瘾，又多吃了一个。第 2 天早上又将剩下的桃子吃掉一半，又多吃了一个。以后每天早上都吃了前一天剩下的一半零一个。到第 10 天早上想再吃时，就只剩一个桃子了。求第 1 天共摘多少个桃子。

解：程序如下：

```
#include <stdio.h>
int main( )
 {
   int day,x1,x2;
   day=9;
   x2=1;
   while(day>0)
    {x1=(x2+1)*2;          //第1天的桃子数是第2天桃子数加1后的2倍
     x2=x1;
     day--;
    }
   printf("total=%d\n",x1);
   return 0;
 }
```

运行结果：

```
total=1534
```

13. 用迭代法求 $x=\sqrt{a}$。求平方根的迭代公式为

$$x_{n+1} = \frac{1}{2}\left(x_n + \frac{a}{x_n}\right)$$

要求前后两次求出的 x 的差的绝对值小于 10^{-5}。

解： 用迭代法求平方根的算法如下：

(1) 设定一个 x 的初值 x_0；

(2) 用以上公式求出 x 的下一个值 x_1；

(3) 再将 x_1 代入以上公式右侧的 x_n，求出 x 的下一个值 x_2；

(4) 如此继续下去，直到前后两次求出的 x 值（x_n 和 x_{n+1}）满足以下关系：

$$|x_{n+1} - x_n| < 10^{-5}$$

为了便于程序处理，今只用 x_0 和 x_1，先令 x 的初值 $x_0=a/2$（也可以是另外的值），求出 x_1；如果此时 $|x_1-x_0| \geq 10^{-5}$，就使 $x_1 \Rightarrow x_0$，然后用这个新的 x_0 求出下一个 x_1；如此反复，直到 $|x_1-x_0| < 10^{-5}$ 为止。

程序如下：

```
#include <stdio.h>
#include <math.h>
int main( )
 {
   float a,x0,x1;
   printf("enter a positive number:");
   scanf("%f",&a);
   x0=a/2;
```

```
   x1＝(x0＋a/x0)/2;
   do
    {x0＝x1;
      x1＝(x0＋a/x0)/2;
    }while(fabs(x0－x1)>＝1e－5);
   printf("The square root of ％5.2f   is ％8.5f\n",a,x1);
   return 0;
   }
```

运行结果：

```
enter a positive number:2
The square root of  2.00  is  1.41421
```

14. 用牛顿迭代法求下面方程在 1.5 附近的根：
$$2x^3 - 4x^2 + 3x - 6 = 0$$

解：牛顿迭代法又称**牛顿切线法**，它采用以下的方法求根：先任意设定一个与真实的根接近的值 x_0 作为第 1 次近似根，由 x_0 求出 $f(x_0)$，过 $(x_0, f(x_0))$ 点做 $f(x)$ 的切线，交 x 轴于 x_1，把 x_1 作为第 2 次近似根，再由 x_1 求出 $f(x_1)$，过 $(x_1, f(x_1))$ 点做 $f(x)$ 的切线，交 x 轴于 x_2，再求出 $f(x_2)$，再作切线……如此继续下去，直到足够接近真正的根 x^* 为止，见图 5.4。

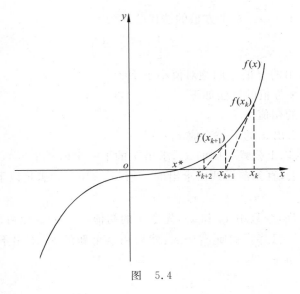

图 5.4

从图 5.4 可以看出：

$$f'(x_0) = \frac{f(x_0)}{x_1 - x_0}$$

因此

$$x_1 = x_0 - \frac{f(x_0)}{f'(x_0)}$$

这就是牛顿迭代公式。可以利用它由 x_0 求出 x_1，然后由 x_1 求出 x_2……

在本题中

$$f(x) = 2x^3 - 4x^2 + 3x - 6$$

可以写成以下形式：

$$f(x) = ((2x - 4)x + 3)x - 6$$

同样，$f'(x)$可写成

$$f'(x) = 6x^2 - 8x + 3 = (6x - 8)x + 3$$

用这种方法表示的表达式在运算时可节省时间。例如，求 $f(x)$ 只需要进行 3 次乘法和 3 次加法，而原来的表达式要经过多次指数运算、对数运算和乘法、加法运算，花费时间较多。

但是由于计算机的运算速度越来越快，这点时间开销是微不足道的。这是以前计算机的运算速度较慢时所提出的问题。由于过去编写的程序往往采用了这种形式，所以在此也顺便介绍一下，以便在阅读别人所写的程序时知其所以然。

程序如下：

```
#include <stdio.h>
#include <math.h>
int  main( )
{double x1,x0,f,f1;
  x1=1.5;
  do
   {x0=x1;
    f=((2*x0-4)*x0+3)*x0-6;
    f1=(6*x0-8)*x0+3;
    x1=x0-f/f1;
   }while(fabs(x1-x0)>=1e-5);
  printf("The root of equation is %5.2f\n",x1);
  return 0;
}
```

运行结果：

```
The root of equation is  2.00
```

为了便于循环处理，程序中只设了变量 x0 和 x1，x0 代表前一次的近似根，x1 代表后一次的近似根。在求出一个 x1 后，把它的值赋给 x0，然后用它求下一个 x1。由于第 1 次执行循环体时，需要对 x0 赋值，故在开始时应先对 x1 赋一个初值（今为 1.5，也可以是接近真实根的其他值）。

15. 用二分法求下面方程在(-10,10)之间的根：

$$2x^3 - 4x^2 + 3x - 6 = 0$$

解： 二分法的思路如下：先指定一个区间$[x_1, x_2]$，如果函数 $f(x)$ 在此区间是单调变化，可以根据 $f(x_1)$ 和 $f(x_2)$ 是否同符号来确定方程 $f(x) = 0$ 在$[x_1, x_2]$区间是否有一个实根。若 $f(x_1)$ 和 $f(x_2)$ 不同符号，则 $f(x) = 0$ 在$[x_1, x_2]$区间必有一个（且只有一个）实根；如果 $f(x_1)$ 和 $f(x_2)$ 同符号，说明在$[x_1, x_2]$区间无实根，要重新改变 x_1 和 x_2 的值。当确定$[x_1, x_2]$有一个实根后，采取二分法将$[x_1, x_2]$区间一分为二，再判断在哪一个小区间中有实根。如此不断进行下去,直到小区间足够小为止,见图5.5。

算法如下:

(1) 输入 x_1 和 x_2 的值。

(2) 求出 $f(x_1)$ 和 $f(x_2)$。

(3) 如果 $f(x_1)$ 和 $f(x_2)$ 同符号,说明在 $[x_1,x_2]$ 区间无实根,返回(1),重新输入 x_1 和 x_2 的值;若 $f(x_1)$ 和 $f(x_2)$ 不同符号,则在 $[x_1,x_2]$ 区间必有一个实根,执行(4)。

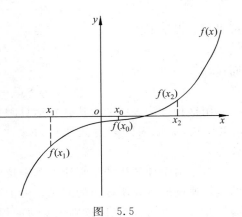

(4) 求 x_1 和 x_2 间的中点: $x_0 = \dfrac{x_1+x_2}{2}$。

(5) 求出 $f(x_0)$。

(6) 判断 $f(x_0)$ 与 $f(x_1)$ 是否同符号。

图 5.5

① 如同符号,则应在 $[x_0,x_2]$ 中去找根,此时 x_1 已不起作用,用 x_0 代替 x_1,用 $f(x_0)$ 代替 $f(x_1)$。

② 如 $f(x_0)$ 与 $f(x_1)$ 不同符号,说明应在 $[x_1,x_0]$ 中去找根,此时 x_2 已不起作用,用 x_0 代替 x_2,用 $f(x_0)$ 代替 $f(x_2)$。

(7) 判断 $f(x_0)$ 的绝对值是否小于某一个指定的值(例如 10^{-5})。若不小于 10^{-5},就返回(4),重复执行(4)、(5)、(6);若小于 10^{-5},则执行(8)。

(8) 输出 x_0 的值,它就是所求出的近似根。

N-S图见图5.6。

输入 x₁ 和 x₂ 的值		
fx₁=f(x₁),fx₂=f(x₂)		

直到 fx₁ 和 fx₂ 不同符号

	x₀=(x₁+x₂)/2	
	fx₀=f(x₀)	

图 5.6

程序如下:

```
# include <stdio. h>
 # include <math. h>
int main( )
 {float x0,x1,x2,fx0,fx1,fx2;
  do
   {printf("enter x1 & x2;");
```

```
      scanf("%f,%f",&x1,&x2);
      fx1=x1*((2*x1-4)*x1+3)-6;
      fx2=x2*((2*x2-4)*x2+3)-6;
    }while(fx1*fx2>0);
  do
    {x0=(x1+x2)/2;
     fx0=x0*((2*x0-4)*x0+3)-6;
     if((fx0*fx1)<0)
       {x2=x0;
        fx2=fx0;
       }
     else
       {x1=x0;
        fx1=fx0;
       }
    }while(fabs(fx0)>=1e-5);
  printf("x=%6.2f\n",x0);
  return 0;
 }
```

运行结果：

```
enter x1 & x2:-10,10
x=  2.00
```

16. 输出以下图案：

```
          *
        * * *
      * * * * *
    * * * * * * *
      * * * * *
        * * *
          *
```

解：程序如下：

```
#include <stdio.h>
int main()
 {int i,j,k;
  for(i=0;i<=3;i++)
    {for(j=0;j<=2-i;j++)
       printf(" ");
     for(k=0;k<=2*i;k++)
       printf(" * ");
     printf("\n");
    }
  for(i=0;i<=2;i++)
```

```
{for (j=0;j<=i;j++)
     printf(" ");
 for (k=0;k<=4-2*i;k++)
     printf("*");
 printf("\n");
}
return 0;
}
```

运行结果：

17. 两个乒乓球队进行比赛，各出 3 人。甲队为 A,B,C 3 人，乙队为 X,Y,Z 3 人。已抽签决定比赛名单。有人向队员打听比赛的名单，A 说他不和 X 比，C 说他不和 X,Z 比，请编程序找出 3 对赛手的名单。

解：先分析题目。按题意，画出图 5.7 的示意图。

图 5.7 中带"×"符号的虚线表示不允许的组合。从图中可以看到：①X 既不与 A 比赛，又不与 C 比赛，必然与 B 比赛。②C 既不与 X 比赛，又不与 Z 比赛，必然与 Y 比赛。③剩下的只能是 A 与 Z 比赛，见图 5.8。

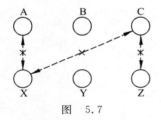

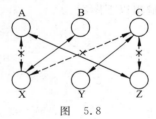

图 5.7   图 5.8

以上是经过逻辑推理得到的结论。用计算机程序处理此问题时，不可能立即就得出此结论，而必须对每一种成对的组合一一检验，看它们是否符合条件。

开始时，并不知道 A,B,C 与 X,Y,Z 中哪一个比赛，可以假设：A 与 i 比赛，B 与 j 比赛，C 与 k 比赛，即：

$$A—i$$
$$B—j$$
$$C—k$$

i,j,k 分别是 X,Y,Z 之一，且 i,j,k 互不相等（一个队员不能与对方的两人比赛），见图 5.9。

外循环使 i 由 'X' 变到 'Z'，中循环使 j 由 'X' 变到 'Z'（但 i 不应与 j 相等）。然后对每一组 i,j 的值，找符合条件的 k 值。k 同样也可能是 'X'、'Y'、'Z' 之一，但 k 也不应与 i 或 j 相等。在 i≠j≠k 的条件下，再把 i≠'X' 和 k≠'X' 以及 k≠'Z' 的 i,j,k 的值输出即可。

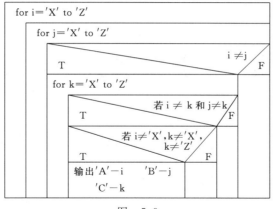

图　5.9

程序如下：

```c
#include <stdio.h>
int main( )
{
  char i,j,k;                          //i是a的对手;j是b的对手;k是c的对手
  for (i='x';i<='z';i++)
    for (j='x';j<='z';j++)
      if (i!=j)
        for (k='x';k<='z';k++)
          if (i!=k && j!=k)
            if (i!='x' && k!='x' && k!='z')
              printf("A--%c\nB--%c\nC--%c\n",i,j,k);
  return 0;
}
```

运行结果：

说明：

（1）整个执行部分只有一个语句，所以只在语句的最后有一个分号。请读者弄清楚循环和选择结构的嵌套关系。

（2）分析最下面一个 if 语句中的条件：$i \neq 'X', k \neq 'X', k \neq 'Z'$，因为已事先假定 A—i，B—j，C—k，由于题目规定 A 不与 X 对抗，因此 i 不能等于$'X'$，同理，C 不与 X，Z 对抗，因此 k 不应等于$'X'$和$'Z'$。

（3）题目给的是 A，B，C，X，Y，Z，而程序中用了加撇号的字符常量$'X', 'Y', 'Z'$，这是为什么？这是为了在运行时能直接输出字符 A，B，C，X，Y，Z，以表示 3 组对抗的情况。

第6章 利用数组处理批量数据

1. 用筛选法求 100 之内的素数。

解: 所谓"筛选法"指的是"埃拉托色尼(Eratosthenes)筛法"。埃拉托色尼是古希腊的著名数学家。他采取的方法是,在一张纸上写上 1~1000 的全部整数,然后逐个判断它们是否素数,找出一个非素数,就把它挖掉,最后剩下的就是素数,见图 6.1。

①2 3 ④5 ⑥7 ⑧⑨⑩11 ⑫13 ⑭⑮⑯17 ⑱19 ⑳㉑㉒23 ㉔㉕㉖㉗
㉘29 ㉚31 ㉜㉝㉞㉟㊱37 ㊳㊴㊵41 ㊷43 ㊹㊺㊻47 ㊼㊽㊾50 …

图 6.1

具体做法如下:

(1) 先将 1 挖掉(因为 1 不是素数)。

(2) 用 2 除它后面的各个数,把能被 2 整除的数挖掉,即把 2 的倍数挖掉。

(3) 用 3 除它后面各数,把 3 的倍数挖掉。

(4) 分别用 4,5…各数作为除数除这些数以后的各数。这个过程一直进行到在除数后面的数已全被挖掉为止。例如在图 6.1 中找 1~50 之间的素数,要一直进行到除数为 47 为止。事实上,可以简化,如果需要找 1~n 范围内的素数表,只须进行到除数为 $\sqrt{n}$(取其整数)即可,例如对 1~50,只须进行到将 $\sqrt{7}$ 作为除数即可。请读者思考为什么?

上面的算法可表示为:

(1) 挖去 1;

(2) 用下一个未被挖去的数 p 除 p 后面各数,把 p 的倍数挖掉;

(3) 检查 p 是否小于 $\sqrt{n}$ 的整数部分(如果 n=1000,则检查 p<31 是否成立),如果是,则返回(2)继续执行,否则就结束;

(4) 剩下的数就是素数。

用计算机解此题,可以定义一个数组 a。a[1]~a[n] 分别代表 1~n 这 n 个数。如果检查出数组 a 的某一元素的值是非素数,就使它变为 0,最后剩下不为 0 的就是素数。

程序如下:

```
#include <stdio.h>
#include <math.h>                    //程序中用到求平方根函数 sqrt
int main( )
{int i,j,n,a[101];                   //定义 a 数组包含 101 个元素
   for (i=1;i<=100;i++)              //a[0]不用,只用 a[1]~a[100]
      a[i]=i;                         //使 a[1]~a[100]的值为 1~100
   a[1]=0;                           //先"挖掉"a[1]
   for (i=2;i<sqrt(100);i++)
```

```
        for (j=i+1;j<=100;j++)
          {if(a[i]!=0 && a[j]!=0)
             if (a[j]%a[i]==0)
                a[j]=0;                    //把非素数"挖掉"
          }
   printf("\n");
   for (i=2,n=0;i<=100;i++)
     { if(a[i]!=0)                         //选出值不为 0 的数组元素,即素数
         {printf("%5d",a[i]);              //输出素数,宽度为 5 列
          n++;                             //累积本行已输出的数据个数
         }
       if(n==10)
         {printf("\n");
          n=0;
         }
     }
   printf("\n");
   return 0;
}
```

运行结果:

```
   2    3    5    7   11   13   17   19   23   29
  31   37   41   43   47   53   59   61   67   71
  73   79   83   89   97
```

2. 用选择法对 10 个整数排序。

解:选择排序的思路如下:设有 10 个元素 a[1]~a[10],将 a[1] 与 a[2]~a[10] 比较,若 a[1] 比 a[2]~a[10] 都小,则不进行交换,即无任何操作。若 a[2]~a[10] 中有一个以上比 a[1] 小,则将其中最大的一个(假设为 a[i])与 a[1] 交换,此时 a[1] 中存放了 10 个中最小的数。第 2 轮将 a[2] 与 a[3]~a[10] 比较,将剩下 9 个数中的最小者 a[i] 与 a[2] 对换,此时 a[2] 中存放的是 10 个中第二小的数。依此类推,共进行 9 轮比较,a[1]~a[10] 就已按由小到大的顺序存放了。N-S 图如图 6.2 所示。

程序如下:

```
#include <stdio.h>
int main( )
{int i,j,min,temp,a[11];
  printf("enter data:\n");
  for (i=1;i<=10;i++)
    { printf("a[%d]=",i);
      scanf("%d",&a[i]);        //输入 10 个数
    }
  printf("\n");
  printf("The orginal numbers:\n");
  for (i=1;i<=10;i++)
    printf("%5d",a[i]);         //输出这 10 个数
```

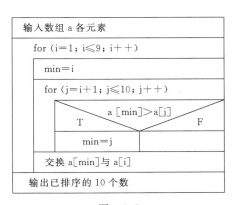

图 6.2

```
    printf("\n");
    for (i=1;i<=9;i++)                          //以下 8 行是对 10 个数排序
      {min=i;
        for (j=i+1;j<=10;j++)
          if (a[min]>a[j]) min=j;
          temp=a[i];                            //以下 3 行将 a[i+1]~a[10]中最小值与 a[i]对换
          a[i]=a[min];
          a[min]=temp;
      }
    printf("\nThe sorted numbers:\n");          //输出已排好序的 10 个数
    for (i=1;i<=10;i++)
      printf("%5d",a[i]);
    printf("\n");
    return 0;
}
```

运行结果:

```
enter data:
a[1]=1
a[2]=16
a[3]=5
a[4]=98
a[5]=23
a[6]=119
a[7]=18
a[8]=75
a[9]=65
a[10]=81

The orginal numbers:
    1   16    5   98   23  119   18   75   65   81

The sorted numbers:
    1    5   16   18   23   65   75   81   98  119
```

输入 10 个数后,程序输出结果。

3. 求一个 3×3 的整型矩阵对角线元素之和。

解:程序如下:

```
#include <stdio.h>
int main( )
{
int a[3][3],sum=0;
int i,j;
    printf("enter data:\n");
    for (i=0;i<3;i++)
      for (j=0;j<3;j++)
        scanf("%3d",&a[i][j]);
    for (i=0;i<3;i++)
      sum=sum+a[i][i];
    printf("sum=%6d\n",sum);
    return 0;
}
```

运行结果：

```
enter data:
1
2
3
4
5
6
7
8
9
sum=    15
```

关于输入数据方式的讨论：

在程序的 scanf 语句中用"％d"作为输入格式控制，上面输入数据的方式显然是可行的。其实也可以在一行中连续输入 9 个数据，如：

1 2 3 4 5 6 7 8 9↙

结果也一样。在输入完 9 个数据并按回车键后，这 9 个数据被送到内存中的输入缓冲区中，然后逐个送到各个数组元素中。下面的输入方式也是正确的：

```
enter data:
1 2 3
4 5 6
7 8 9
sum=    15
```

或者

```
enter data:
1 2
3 4 5 6
7 8 9
sum=    15
```

都是可以的。

请考虑，如果将程序第 7～9 行改为

```
for (j=0;j<3;j++)
    scanf(" %d %d %d",&a[0][j],&a[1][j],&a[2][j]);
```

应如何输入？是否必须一行输入 3 个数据，如：

1 2 3↙
4 5 6↙
7 8 9↙

答案是可以按此方式输入，也可以不按此方式输入，而采用前面介绍的方式输入，不论分多少行、每行包括几个数据，只要求最后输入完 9 个数据即可。

程序中用的是整型数组，运行结果是正确的。如果用的是实型数组，只须将程序第 4 行的 int 改为 float 或 double 即可，在输入数据时可输入单精度或双精度的数。

4. 有一个已排好序的数组，要求输入一个数后，按原来排序的规律将它插入数组中。

解：假设数组 a 有 n 个元素，而且已按升序排列，在插入一个数时按下面的方法处理：

(1) 如果插入的数 num 比 a 数组最后一个数大，则将插入的数放在 a 数组末尾。

（2）如果插入的数 num 不比 a 数组最后一个数大，则将它依次和 a[0]～a[n-1]比较，
直到出现 a[i]＞num 为止，这时表示 a[0]～a[i-1]
各元素的值比 num 小，a[i]～a[n-1]各元素的值
比 num 大。num 理应插到 a[i-1]之后、a[i]之
前。怎样才能实现此目的呢？将 a[i]～a[n-1]各
元素向后移一个位置（即 a[i]变成 a[i+1]，…，
a[n-1]变成 a[n]）。然后将 num 放在 a[i]中。
N-S 图如图 6.3 所示。

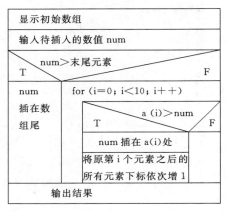

图　6.3

解：程序如下：

```c
#include <stdio.h>
int main( )
{ int a[11]={1,4,6,9,13,16,19,28,40,100};
  int temp1,temp2,number,end,i,j;
  printf("array a:\n");
  for (i=0;i<10;i++)
    printf("%5d",a[i]);
  printf("\n");
  printf("insert data:");
  scanf("%d",&number);
  end=a[9];
  if (number>end)
    a[10]=number;
  else
    {for (i=0;i<10;i++)
      {if (a[i]>number)
        {temp1=a[i];
         a[i]=number;
         for (j=i+1;j<11;j++)
           {temp2=a[j];
            a[j]=temp1;
            temp1=temp2;
           }
         break;
        }
      }
    }
  printf("Now array a:\n");
  for (i=0;i<11;i++)
    printf("%5d",a[i]);
  printf("\n");
  return 0;
}
```

运行结果：

```
array a:
    1    4    6    9   13   16   19   28   40  100
insert data:5
Now array a:
    1    4    5    6    9   13   16   19   28   40  100
```

5. 将一个数组中的值按逆序重新存放。例如,原来顺序为 8,6,5,4,1。要求改为 1,4, 5,6,8。

解：解此题的思路是以中间的元素为中心,将其两侧对称的元素的值互换即可。例如, 将 5 和 9 互换,将 8 和 6 互换。N-S 图见图 6.4。

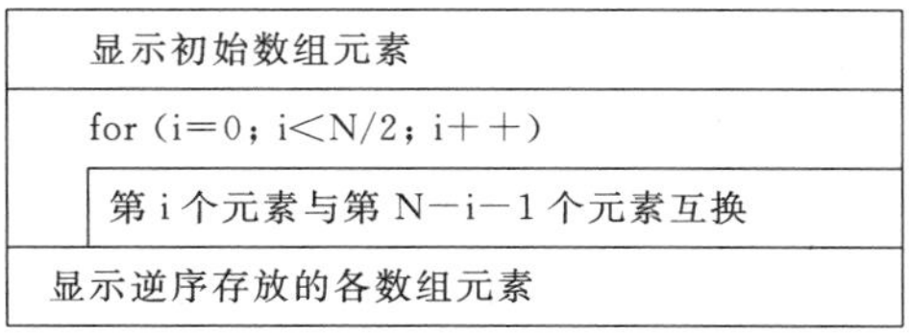

显示初始数组元素
for (i=0；i<N/2；i++)
第 i 个元素与第 N−i−1 个元素互换
显示逆序存放的各数组元素

图　6.4

程序如下：

```c
# include <stdio.h>
# define N 5
int main( )
{ int a[N],i,temp;
  printf("enter array a:\n");
  for (i=0;i<N;i++)
    scanf("%d",&a[i]);
  printf("array a:\n");
  for (i=0;i<N;i++)
    printf("%4d",a[i]);
  for (i=0;i<N/2;i++)          //循环的作用是将对称的元素的值互换
    { temp=a[i];
      a[i]=a[N-i-1];
      a[N-i-1]=temp;
    }
  printf("\nNow,array a:\n");
  for (i=0;i<N;i++)
    printf("%4d",a[i]);
  printf("\n");
  return 0;
}
```

运行结果：

```
enter array a:
8 6 5 4 1
array a:
    8    6    5    4    1
Now,array a:
    1    4    5    6    8
```

6. 输出以下的杨辉三角形(要求输出 10 行)。

```
                    1
                    1   1
                    1   2   1
                    1   3   3   1
                    1   4   6   4   1
                    1   5   10  10  5   1
                    ⋮   ⋮   ⋮   ⋮   ⋮   ⋮
```

解：杨辉三角形是 $(a+b)^n$ 展开后各项的系数。例如：

$(a+b)^0$ 展开后为 1,系数为 1

$(a+b)^1$ 展开后为 $a+b$,系数为 1,1

$(a+b)^2$ 展开后为 $a^2+2ab+b^2$,系数为 1,2,1

$(a+b)^3$ 展开后为 $a^3+3a^2b+3ab^2+b^3$,系数为 1,3,3,1

$(a+b)^4$ 展开后为 $a^4+4a^3b+6a^2b^2+4ab^3+b^4$,系数为 1,4,6,4,1

以上就是杨辉三角形的前 5 行。杨辉三角形各行的系数有以下的规律：

(1) 各行第 1 个数都是 1。

(2) 各行最后一个数都是 1。

(3) 从第 3 行起,除上面指出的第 1 个数和最后一个数外,其余各数是上一行同列和前一列两个数之和。例如,第 4 行第 2 个数(3)是第 3 行第 2 个数(2)和第 3 行第 1 个数(1)之和。可以这样表示：

$$a[i][j]=a[i-1][j]+a[i-1][j-1]$$

其中 i 为行数,j 为列数。

程序如下：

```c
#include <stdio.h>
#define N   10
int main( )
{ int i,j,a[N][N];                      //数组为 10 行 10 列
  for (i=0;i<N;i++)
     {a[i][i]=1;                        //使对角线元素的值为 1
      a[i][0]=1;                        //使第 1 列元素的值为 1
     }
  for (i=2;i<N;i++)                     //从第 3 行开始处理
    for (j=1;j<=i-1;j++)
       a[i][j]=a[i-1][j-1]+a[i-1][j];
  for (i=0;i<N;i++)
    {for (j=0;j<=i;j++)
       printf("%6d",a[i][j]);           //输出数组各元素的值
     printf("\n");
    }
  printf("\n");
```

```
		return 0;
	}
```

说明：数组元素的序号是从 0 开始算的，因此数组中 0 行 0 列的元素实际上就是杨辉三角形中第 1 行第 1 列的数据，余类推。

运行结果：

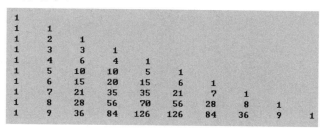

7. 输出"魔方阵"。所谓魔方阵是指这样的方阵，它的每一行、每一列和对角线之和均相等。例如，三阶魔方阵为

$$8 \quad 1 \quad 6$$
$$3 \quad 5 \quad 7$$
$$4 \quad 9 \quad 2$$

要求输出 $1 \sim n^2$ 的自然数构成的魔方阵。

解：魔方阵中各数的排列规律如下：

（1）将 1 放在第 1 行中间一列。

（2）从 2 开始直到 $n \times n$ 止各数依次按下列规则存放：每一个数存放的行比前一个数的行数减 1，列数加 1（例如上面的三阶魔方阵，5 在 4 的上一行后一列）。

（3）如果上一数的行数为 1，则下一个数的行数为 n（指最下一行）。例如，1 在第 1 行，则 2 应放在最下一行，列数同样加 1。

（4）当上一个数的列数为 n 时，下一个数的列数应为 1，行数减 1。例如，2 在第 3 行最后一列，则 3 应放在第 2 行第 1 列。

（5）如果按上面规则确定的位置上已有数，或上一个数是第 1 行第 n 列时，则把下一个数放在上一个数的下面。例如，按上面的规定，4 应该放在第 1 行第 2 列，但该位置已被 1 占据，所以 4 就放在 3 的下面。由于 6 是第 1 行第 3 列（即最后一列），故 7 放在 6 下面。

按此方法可以得到任何阶的魔方阵。

N-S 图如图 6.5 所示。

程序如下：

```
# include <stdio. h>
int main( )
{ int a[15][15],i,j,k,p,n;
  p=1;
  while(p==1)
    {printf("enter n(n=1——15):");        //要求阶数为 1～15 之间的奇数
     scanf("%d",&n);
     if ((n!=0) && (n<=15) && (n%2!=0))
```

```
            p=0;
      }
//初始化
   for (i=1;i<=n;i++)
      for (j=1;j<=n;j++)
         a[i][j]=0;+++
//建立魔方阵
   j=n/2+1;
   a[1][j]=1;
   for (k=2;k<=n*n;k++)
     {i=i-1;
      j=j+1;
      if ((i<1) && (j>n))
         {i=i+2;
          j=j-1;
         }
       else
          {if (i<1) i=n;
           if (j>n) j=1;
          }
       if (a[i][j]==0)
          a[i][j]=k;
       else
          {i=i+2;
           j=j-1;
           a[i][j]=k;
          }
      }
      //输出魔方阵
   for (i=1;i<=n;i++)
    {for (j=1;j<=n;j++)
        printf("%5d",a[i][j]);
     printf("\n");
    }
   return 0;
  }
```

运行结果：

```
enter n(n=1--15):5
   17   24    1    8   15
   23    5    7   14   16
    4    6   13   20   22
   10   12   19   21    3
   11   18   25    2    9
```

说明：魔方阵的阶数应为奇数。

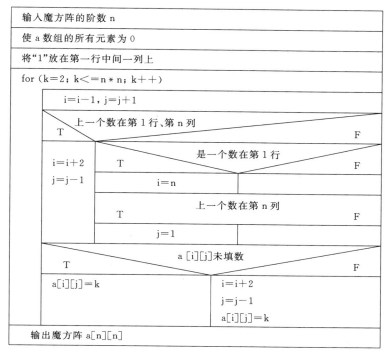

输入魔方阵的阶数 n		
使 a 数组的所有元素为 0		
将"1"放在第一行中间一列上		

图   6.5

8. 找出一个二维数组中的鞍点,即该位置上的元素在该行上最大、在该列上最小。也可能没有鞍点。

解:一个二维数组最多有一个鞍点,也可能没有。解题思路是:先找出一行中值最大的元素,然后检查它是否为该列中的最小值,如果是,则是鞍点(不需要再找别的鞍点了),输出该鞍点;如果不是,则再找下一行的最大数……如果每一行的最大数都不是鞍点,则此数组无鞍点。

程序如下:

```
#include <stdio.h>
#define N 4
#define M 5                        //数组为4行5列
int main()
{
  int i,j,k,a[N][M],max,maxj,flag;
  printf("please input matrix:\n");
  for (i=0;i<N;i++)                 //输入数组
    for (j=0;j<M;j++)
      scanf("%d",&a[i][j]);
  for (i=0;i<N;i++)
    {max=a[i][0];                  //开始时假设 a[i][0]最大
    maxj=0;                        //将列号 0 赋给 maxj 保存
    for (j=0;j<M;j++)              //找出第 i 行中的最大数
```

```
        if (a[i][j]>max)
          {max=a[i][j];                    //将本行的最大数存放在 max 中
           maxj=j;                         //将最大数所在的列号存放在 maxj 中
          }
      flag=1;                              //先假设是鞍点,以 flag 为 1 代表
      for (k=0;k<N;k++)
        if (max>a[k][maxj])                //将最大数和其同列元素相比
          {flag=0;                         //如果 max 不是同列最小,表示不是鞍点,令 flag1 为 0
            continue;}
      if(flag)                             //如果 flag1 为 1 表示是鞍点
      {printf("a[%d][%d]=%d\n",i,maxj,max);    //输出鞍点的值和所在行列号
       break;
      }
  }
  if(!flag)                                //如果 flag 为 0 表示鞍点不存在
    printf("It is not exist!\n");
  return 0;
}
```

运行结果：

①

```
please input matrix:
1 2 3 4 5
2 4 6 8 10
3 6 9 12 15
4 8 12 16 20
a[0][4]=5
```

第 2~5 行是输入的数据,最后一行是输出的结果。

②

```
please input matrix:
1 2 3 4 11
2 4 6 8 12
3 6 9 10 15
4 8 12 16 7
It is not exist!
```
(无鞍点)

9. 有 15 个数按由大到小顺序存放在一个数组中,输入一个数,要求用折半查找法找出该数是数组中第几个元素的值。如果该数不在数组中,则输出"无此数"。

解： 从表列中查一个数最简单的方法是从第 1 个数开始顺序查找,将要找的数与表列中的数一一比较,直到找到为止(如果表列中无此数,则应找到最后一个数,然后判定"找不到")。

但这种"顺序查找法"效率低,如果表列中有 1000 个数,且要找的数恰恰是第 1000 个数,则要进行 999 次比较才能得到结果。平均比较次数为 500 次。

折半查找法是效率较高的一种方法。基本思路如下:

假如有已按由小到大排好序的 9 个数,a[1]~a[9],其值分别为

1，3，5，7，9，11，13，15，17

若输入一个数 3,想查 3 是否在此数列中,先找出表列中居中的数,即 a[5],将要找的数 3 与 a[5]比较,今 a[5]的值是 9,发现 a[5]>3,显然 3 应当在 a[1]~a[5]范围内,而不会在 a[6]~a[9]范围内。这样就可以缩小查找范围,甩掉 a[6]~a[9]这一部分,即将查找范围缩小为一半。再找 a[1]~a[5]范围内的居中的数,即 a[3],将要找的数 3 与 a[3]比较,a[3]的值是 5,发现 a[3]>3,显然 3 应当在 a[1]~a[3]范围内。这样又将查找范围缩小一半。再将 3 与 a[1]~a[3]范围内的居中的数 a[2]比较,发现要找的数 3 等于 a[2],查找结束。一共比较了 3 次。如果表列中有 n 个数,则最多比较的次数为 $\text{int}(\log_2 n)+1$。

N-S 图如图 6.6 所示。

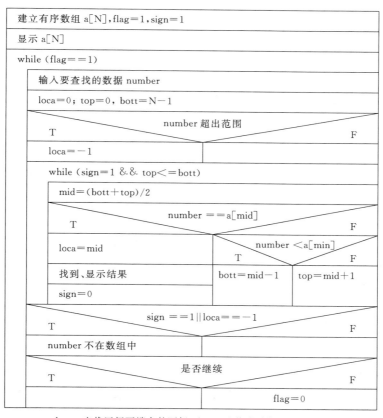

top,bott:查找区间两端点的下标;loca:查找成功与否的开关变量。

图 6.6

程序如下：

```
#include <stdio.h>
#define   N 15
int main()
{ int i,number,top,bott,mid,loca,a[N],flag=1,sign;
  char c;
  printf("enter data:\n");
```

```c
      scanf("%d",&a[0]);                                //输入第 1 个数
      i=1;
      while(i<N)                                         //检查数是否已输入完毕
        {scanf("%d",&a[i]);                              //输入下一个数
         if (a[i]>=a[i-1])                               //如果输入的数不小于前一个数
           i++;                                          //使数的序号加 1
         else
           printf("enter this data again:\n");           //要求重新输入此数
        }
      printf("\n");
      for (i=0;i<N;i++)
        printf("%5d",a[i]);                              //输出全部 15 个数
      printf("\n");
      while(flag)
        {printf("input number to look for:");            //问你要查找哪个数
         scanf("%d",&number);                            //输入要查找的数
         sign=0;                                         //sign 为 0 表示尚未找到
         top=0;                                          //top 是查找区间的起始位置
         bott=N-1;                                       //bott 是查找区间的最末位置
         if ((number<a[0])||(number>a[N-1]))             //要查的数不在查找区间内
           loca=-1;                                      //表示找不到
         while ((!sign) && (top<=bott))
           {mid=(bott+top)/2;                            //找出中间元素的下标
            if (number==a[mid])                          //如果要查找的数正好等于中间元素
              {loca=mid;                                 //记下该下标
               printf("Has found %d, its position is %d\n",number,loca+1);
                   //由于下标从 0 算起,而人们习惯从 1 算起,因此输出数的位置要加 1
               sign=1;                                   //表示找到了
              }
            else if (number<a[mid])                      //如果要查找的数小于中间元素的值
              bott=mid-1;                                //只须从下标为 0~mid-1 的范围中找
            else                                         //如果要查找的数不小于中间元素的值
              top=mid+1;                                 //只须从下标为 mid+1~bott 的范围中找
           }
         if(!sign||loca==-1)                             //sign 为 0 或 loca 等于-1,意味着找不到
           printf("cannot find %d. \n",number);          //输出"找不到"
         printf("continue or not(Y/N)?");                //问你是否继续查找
         scanf(" %c",&c);                                //不想继续查找输入'N'或'n'
         if (c=='N'||c=='n')
           flag=0;                                       //flag 为开关变量,控制程序是否结束运行
        }
      return 0;
    }
```

运行结果：

```
enter data:
1
3
2
enter this data again:
4
5
6
8
12
23
34
44
45
56
57
58
68

     1   3   4   5   6   8  12  23  34  44  45  56  57  58  68
input number to look for:7
cannot find 7.
continue or not<Y/N>?y
input number to look for:12
Has found 12, its position is 7
continue or not<Y/N>?n
```

以上运行情况是这样的：开始输入 3 个数,由于顺序不是由小到大,程序不接收,要求重新输入。再输入 15 个数,然后程序输出这 15 个数,供核对。程序询问要找哪个数？输入 7,输出"找不到 7"。问是否继续找数？回答 y 表示 yes,再问找哪个数？输入 12,输出"找到了。它是第 7 个数"。

10. 有一篇文章,共有 3 行文字,每行有 80 个字符。要求分别统计出其中英文大写字母、小写字母、数字、空格以及其他字符的个数。

解：N-S 图如图 6.7 所示。

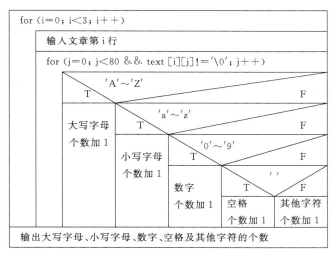

图 6.7

程序如下：

```c
#include <stdio.h>
int main()
{int i,j,upp,low,dig,spa,oth;
 char text[3][80];
 upp=low=dig=spa=oth=0;
 for (i=0;i<3;i++)
   { printf("please input line %d:\n",i+1);
     gets(text[i]);
     for (j=0;j<80 && text[i][j]!='\0';j++)
       {if (text[i][j]>='A' && text[i][j]<='Z')
           upp++;
       else if (text[i][j]>='a' && text[i][j]<='z')
           low++;
       else if (text[i][j]>='0' && text[i][j]<='9')
           dig++;
       else if (text[i][j]==' ')
           spa++;
       else
           oth++;
       }
   }
   printf("\nupper case：%d\n",upp);
   printf("lower case：%d\n",low);
   printf("digit      :%d\n",dig);
   printf("space      :%d\n",spa);
   printf("other      :%d\n",oth);
 return 0;
}
```

运行结果：

```
please input line 1:
I am a student.
please input line 2:
123456
please input line 3:
ASDFG

upper case: 6
lower case: 10
digit      : 6
space      : 3
other      : 1
```

先后输入了3行字符，程序统计出结果。

　　说明：数组 text 的行号为 0～2，但在提示用户输入各行数据时，要求用户输入第 1 行、第 2 行、第 3 行，而不是第 0 行、第 1 行、第 2 行，这完全是照顾人们的习惯。为此，在程序第 6 行中输出行数时用 i+1，而不用 i。这样并不影响程序对数组的处理，程序其他地方数组的第 1 个下标值仍然是 0～2。

11. 输出以下图案：

```
    *  *  *  *  *
     *  *  *  *  *
      *  *  *  *  *
       *  *  *  *  *
        *  *  *  *  *
```

解：程序如下：

```c
#include <stdio.h>
int main( )
{ char a[5]={'*','*','*','*','*'};
  int i,j,k;
  char space=' ';
  for (i=0;i<5;i++)
  {printf("\n");
   printf("      ");
   for (j=1;j<=i;j++)
      printf("%c",space);
   for (k=0;k<5;k++)
      printf("%c",a[k]);
  }
  printf("\n");
  return 0;
}
```

运行结果：

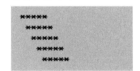

12. 有一行电文,已按下面规律译成密码：

$$A \rightarrow Z \quad a \rightarrow z$$
$$B \rightarrow Y \quad b \rightarrow y$$
$$C \rightarrow X \quad c \rightarrow x$$
$$\vdots \qquad \vdots$$

即第 1 个字母变成第 26 个字母,第 i 个字母变成第(26−i+1)个字母,非字母字符不变。要求编程序将密码译回原文,并输出密码和原文。

解： 可以定义一个数组 ch,在其中存放电文。如果字符 ch[j]是大写字母,则它是 26 个字母中的第(ch[j]−64)个大写字母。例如,若 ch[j] 的值是大写字母'B',它的 ASCII 码为 66,它应是字母表中第(66−64)个大写字母,即第 2 个字母。按密码规定应将它转换为第 (26−i+1)个大写字母,即第(26−2+1)=25 个大写字母。而 26−i+1=26−(ch[j]−64)+1=26+64−ch[j]+1,即 91−ch[j] (如 ch[j]等于'B',91−'B'=91−66=25,ch[j] 应将它转换为第 25 个大写字母)。该字母的 ASCII 码为 91−ch[j]+64,而 91−ch[j] 的值为 25，因此 91－ch[j]＋64＝25＋64＝89，89 是 'Y' 的 ASCII 码。表达式 91－ch[j]＋64 可以直接表示为 155－ch[j]。小写字母情况与此相似，但由于小写字母 'a' 的 ASCII 码为 97，因此处理小写字母的公式应改为：26＋96－ch[j]＋1＋96＝123－ch[j]＋96＝219－ch[j]。例如，若 ch[j] 的值为 'b'，则其交换对象为 219－'b'＝219－98＝121，它是 'y' 的 ASCII 码。

由于此密码的规律是对称转换，即第 1 个字母转换为最后一个字母，最后一个字母转换为第 1 个字母，因此从原文译为密码和从密码译为原文，都是用同一个公式。

N-S 图如图 6.8 所示。

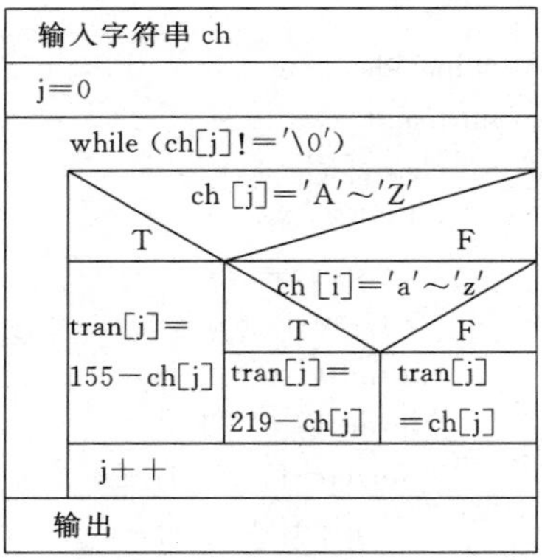

程序如下：

(1) 用两个字符数组分别存放原文和密码

```c
#include <stdio.h>
int main( )
{ int j,n;
   char ch[80],tran[80];
   printf("input cipher code:");
   gets(ch);
   printf("\ncipher code   :%s",ch);
   j=0;
   while (ch[j]!='\0')
   { if ((ch[j]>='A') && (ch[j]<='Z'))
       tran[j]=155-ch[j];
     else if ((ch[j]>='a') && (ch[j]<='z'))
       tran[j]=219-ch[j];
     else
       tran[j]=ch[j];
     j++;
   }
   n=j;
   printf("\noriginal text:");
   for (j=0;j<n;j++)
     putchar(tran[j]);
   printf("\n");
   return 0;
}
```

图 6.8

运行结果：

```
input cipher code:R droo erhrg Xsrmz mvcg dvvp.

cipher code   :R droo erhrg Xsrmz mvcg dvvp.
original text:I will visit China next week.
```

(2) 只用一个字符数组

```c
#include <stdio.h>
int main( )
{int j,n;
```

```
    char ch[80];
    printf("input cipher code:\n");
    gets(ch);
    printf("\ncipher code:%s\n",ch);
    j=0;
    while (ch[j]!='\0')
    { if ((ch[j]>='A') && (ch[j]<='Z'))
        ch[j]=155-ch[j];
      else if ((ch[j]>='a') && (ch[j]<='z'))
        ch[j]=219-ch[j];
      else
        ch[j]=ch[j];
      j++;
    }
    n=j;
    printf("original text:");
    for (j=0;j<n;j++)
       putchar(ch[j]);
    printf("\n");
    return 0;
}
```

运行结果:

```
input cipher code:
R droo erhrg Xsrmz mvcg dvvp.

cipher code:R droo erhrg Xsrmz mvcg dvvp.
original text:I will visit China next week.
```

13. 编一程序,将两个字符串连接起来,不要用 strcat 函数。

解: N-S 图如图 6.9 所示。

程序如下:

```
#include <stdio.h>
int main()
{ char s1[80],s2[40];
  int i=0,j=0;
  printf("input string1:");
  scanf("%s",s1);
  printf("input string2:");
  scanf("%s",s2);
  while (s1[i]!='\0')
     i++;
  while(s2[j]!='\0')
     s1[i++]=s2[j++];
  s1[i]='\0';
  printf("\nThe new string is:%s\n",s1);
```

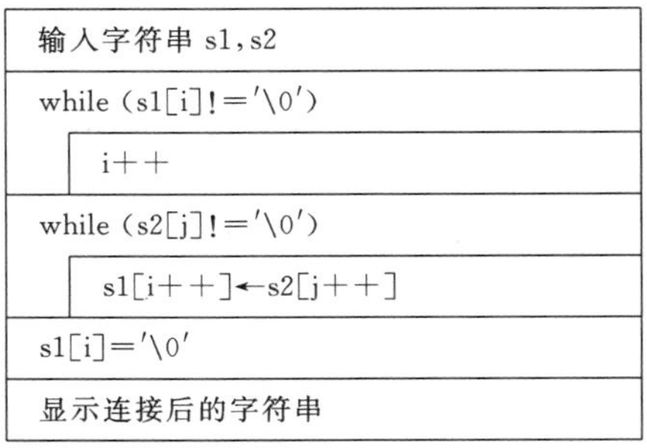

输入字符串 s1,s2
while (s1[i]!='\0')
i++
while (s2[j]!='\0')
s1[i++]←s2[j++]
s1[i]='\0'
显示连接后的字符串

图 6.9

```
        return 0;
    }
```

运行结果：

```
input string1:country
input string2:side

The new string is:countryside
```

14. 编一个程序，将两个字符串 s1 和 s2 比较，若 s1>s2，输出一个正数；若 s1＝s2，输出 0；若 s1<s2，输出一个负数。不要用 strcpy 函数。两个字符串用 gets 函数读入。输出的正数或负数的绝对值应是相比较的两个字符串相应字符的 ASCII 码的差值。例如，"A"与"C"相比，由于"A"<"C"，应输出负数，同时由于'A'与'C'的 ASCII 码差值为 2，因此应输出"－2"。同理："And"和"Aid"比较，根据第 2 个字符比较结果，"n"比"i"大 5，因此应输出"5"。

解：程序如下：

```
#include <stdio.h>
int main( )
{ int i,resu;
    char s1[100],s2[100];
    printf("input string1:");
    gets(s1);
    printf("\ninput string2:");
    gets(s2);
    i=0;
    while ((s1[i]==s2[i]) && (s1[i]!='\0'))i++;
    if (s1[i]=='\0' && s2[i]=='\0')
        resu=0;
    else
        resu=s1[i]-s2[i];
    printf("\nresult:%d. \n",resu);
    return 0;
}
```

运行结果：

```
input string1:Aid

input string2:And

result:-5.
```

15. 编写一个程序，将字符数组 s2 中的全部字符复制到字符数组 s1 中。不用 strcpy 函数。复制时，'\0' 也要复制过去。'\0' 后面的字符不复制。

解：程序如下：

```
#include <stdio.h>
#include <string.h>
int main( )
{ char s1[80],s2[80];
```

```
    int i;
    printf("input s2:");
    scanf("%s",s2);
    for (i=0;i<=strlen(s2);i++)
        s1[i]=s2[i];
    printf("s1:%s\n",s1);
    return 0;
}
```

运行结果：

```
input s2:student
s1:student
```

第7章 用函数实现模块化程序设计

1. 写两个函数,分别求两个整数的最大公约数和最小公倍数,用主函数调用这两个函数,并输出结果。两个整数由键盘输入。

解:设两个整数为 u 和 v,用辗转相除法求最大公约数的算法如下:

```
if v>u
将变量 u 与 v 的值互换                    (使大者 u 为被除数)
while (u/v 的余数 r≠0)
{u=v                                    (使除数 v 变为被除数 u)
 v=r                                    (使余数 r 变为除数 v)
}
输出最大公约数 r
最小公倍数 l=u*v/最大公约数 r
```

可以分别用以下两种方法:

方法一:用两个函数 hcf 和 lcd 分别求最大公约数和最小公倍数。在主函数中输入两个整数 u 和 v,并传送给函数 hcf,求出的最大公约数返回主函数赋给整型变量 h,然后再把 h 和两个整数 u,v 一起作为实参传递给函数 lcd,以求出最小公倍数,返回到主函数赋给整型变量 l。输出最大公约数和最小公倍数。

据此写出程序:

```
#include <stdio.h>
int main( )
 {int hcf(int,int);                      //函数声明
  int lcd(int,int,int);                  //函数声明
  int u,v,h,l;
  scanf("%d,%d",&u,&v);
  h=hcf(u,v);
  printf("H.C.F=%d\n",h);
  l=lcd(u,v,h);
  printf("L.C.D=%d\n",l);
  return 0;
 }

int hcf(int u,int v)
{int t,r;
 if (v>u)
   {t=u;u=v;v=t;}
 while ((r=u%v)!=0)
```

```
      {u=v;
        v=r;}
   return(v);
}


int lcd(int u,int v,int h)
   {
     return(u * v/h);
   }
```

运行结果:

```
24,16
H.C.F=8
L.C.D=48
```

输入 24 和 16 两个数,程序输出最大公约数为 8,最小公倍数为 48。

方法二:用全局变量的方法。全局变量 Hcf 和 Lcd 分别代表最大公约数和最小公倍数。用两个函数分别求最大公约数和最小公倍数,但其值不由函数带回,而是赋给全局变量 Hcf 和 Lcd。在主函数中输出它们的值。

程序如下:

```
# include <stdio. h>
int Hcf,Lcd;                          //Hcf 和 Lcd 是全局变量
int main( )
  {void hcf(int,int);
   void lcd(int,int);
   int u,v;
   scanf("%d,%d",&u,&v);
   hcf(u,v);                          //调用 hcf 函数
   lcd(u,v);                          //调用 lcd 函数
   printf("H. C. F=%d\n",Hcf);
   printf("L. C. D=%d\n",Lcd);
   return 0;
  }


void hcf(int u,int v)
{int t,r;
 if (v>u)
   {t=u;u=v;v=t;}
 while ((r=u%v)!=0)
   {u=v;
     v=r;
   }
 Hcf=v;                               //把求出的最大公约数赋给全局变量 Hcf
}


void lcd(int u,int v)
```

```
    {
      Lcd=u * v/Hcf;                    //把求出的最小公倍数赋给全局变量 Lcd
    }
```

运行结果与方法一相同。

Hcf 是全局变量，hcf 是函数名，两个名字的大小写不同，不会混淆。在 hcf 函数中求出最大公约数赋给全局变量 Hcf，在 lcd 函数中引用了全局变量 Hcf 的值，求出的最小公倍数赋给全局变量 Lcd。在主函数中输出 Hcf 和 Lcd 的值。

2. 求方程 $ax^2+bx+c=0$ 的根，用 3 个函数分别求当：b^2-4ac 大于 0、等于 0 和小于 0 时的根并输出结果。从主函数输入 a，b，c 的值。

解：程序如下：

```
#include <stdio.h>
#include <math.h>
float x1,x2,disc,p,q;
int main( )
{void greater_than_zero(float,float);
 void equal_to_zero(float,float);
 void smaller_than_zero(float,float);
 float a,b,c;
 printf("input a,b,c:");
 scanf("%f,%f,%f",&a,&b,&c);
 printf("equation: %5.2f * x * x+%5.2f * x+%5.2f=0\n",a,b,c);
 disc=b * b-4 * a * c;
 printf("root:\n");
 if (disc>0)
  {
    greater_than_zero(a,b);
    printf("x1=%f\t\tx2=%f\n",x1,x2);
  }
 else if (disc==0)
  {equal_to_zero(a,b);
    printf("x1=%f\t\tx2=%f\n",x1,x2);
  }
 else
  {smaller_than_zero(a,b);
    printf("x1=%f+%fi\tx2=%f-%fi\n",p,q,p,q);
  }
 return 0;
}

void greater_than_zero(float a,float b)
  {x1=(-b+sqrt(disc))/(2 * a);
   x2=(-b-sqrt(disc))/(2 * a);
  }
```

```
void equal_to_zero(float a,float b)
  {
    x1=x2=(-b)/(2*a);
  }

void smaller_than_zero(float a,float b)
  {
    p=-b/(2*a);
    q=sqrt(-disc)/(2*a);
  }
```

运行结果：

① 两个不等的实根。

```
input a,b,c:2,4,1
equation:  2.00*x*x+ 4.00*x+ 1.00=0
root:
x1=-0.292893          x2=-1.707107
```

② 两个相等的实根。

```
input a,b,c:1,2,1
equation:  1.00*x*x+ 2.00*x+ 1.00=0
root:
x1=-1.000000          x2=-1.000000
```

③ 两个共轭的复根。

```
input a,b,c:2,4,3
equation:  2.00*x*x+ 4.00*x+ 3.00=0
root:
x1=-1.000000+0.707107i  x2=-1.000000-0.707107i
```

3. 写一个判素数的函数,在主函数输入一个整数,输出是否为素数的信息。

解：程序如下：

```
#include <stdio.h>
int main()
 {int prime(int);
  int n;
  printf("input an integer:");
  scanf("%d",&n);
  if (prime(n))
    printf("%d is a prime.\n",n);
  else
    printf("%d is not a prime.\n",n);
  return 0;
 }

int prime(int n)
 {int flag=1,i;
  for (i=2;i<n/2 && flag==1;i++)
```

```
    if (n%i==0)
        flag=0;
    return(flag);
        }
```

运行结果：

①：

```
input an integer:17
17 is a prime.
```

②：

```
input an integer:25
25 is not a prime.
```

4. 写一个函数，使给定的一个 3×3 的二维整型数组转置，即行列互换。

解：程序如下：

```
#include <stdio.h>
#define N 3
int array[N][N];
int main()
{ void convert(int array[ ][3]);
int i,j;
  printf("input array:\n");
  for (i=0;i<N;i++)
      for (j=0;j<N;j++)
          scanf("%d",&array[i][j]);
  printf("\noriginal array :\n");
  for (i=0;i<N;i++)
      {for (j=0;j<N;j++)
        printf("%5d",array[i][j]);
        printf("\n");
      }
convert(array);
printf("convert array:\n");
  for (i=0;i<N;i++)
      {for (j=0;j<N;j++)
        printf("%5d",array[i][j]);
        printf("\n");
      }
  return 0;
  }

void convert(int array[ ][3])          //定义转置数组的函数
{int i,j,t;
  for (i=0;i<N;i++)
      for (j=i+1;j<N;j++)
```

```
            {t=array[i][j];
             array[i][j]=array[j][i];
             array[j][i]=t;
            }
}
```

运行结果：

```
input array:
1 2 3
4 5 6
7 8 9

original array :
      1      2      3
      4      5      6
      7      8      9
convert array:
      1      4      7
      2      5      8
      3      6      9
```

5. 写一个函数,使输入的一个字符串按反序存放,在主函数中输入和输出字符串。

解：程序如下：

```
# include <stdio. h>
# include <string. h>
int main( )
 {void inverse(char str[ ]);
  char str[100];
  printf("input string:");
  scanf("%s",str);
  inverse(str);
  printf("inverse string:%s\n",str);
  return 0;
 }

void inverse(char str[ ])
 {char t;
  int i,j;
  for (i=0,j=strlen(str);i<(strlen(str)/2);i++,j--)
   {t=str[i];
    str[i]=str[j-1];
    str[j-1]=t;
   }
 }
```

运行结果：

```
input string:abcdefg
inverse string:gfedcba
```

输入字符串：abcdefg,输出：gfedcba。

6. 写一个函数,将两个字符串连接。

解:程序如下:

```
#include <stdio.h>
int main( )
{void concatenate(char string1[ ],char string2[ ],char string[ ]);
 char s1[100],s2[100],s[100];
 printf("input string1:");
 scanf("%s",s1);
 printf("input string2:");
 scanf("%s",s2);
 concatenate(s1,s2,s);
 printf("\nThe new string is %s\n",s);
 return 0;
 }

void concatenate(char string1[ ],char string2[ ],char string[ ])
{int i,j;
 for (i=0;string1[i]!='\0';i++)
    string[i]=string1[i];
 for(j=0;string2[j]!='\0';j++)
    string[i+j]=string2[j];
 string[i+j]='\0';
}
```

运行结果:

```
input string1:country
input string2:side

The new string is countryside
```

输入两个字符串: country 和 side,程序将两个字符串连接为一个字符串并输出: countryside。

7. 写一个函数,将一个字符串中的元音字母复制到另一字符串,然后输出。

解:程序如下:

```
#include <stdio.h>
int main( )
{void cpy(char [ ],char [ ]);
 char str[80],c[80];
 printf("input string:");
 gets(str);
 cpy(str,c);
 printf("The vowel letters are:%s\n",c);
 return 0;
 }
```

```
void cpy(char s[ ],char c[ ])
{ int i,j;
  for (i=0,j=0;s[i]!='\0';i++)
    if (s[i]=='a'||s[i]=='A'||s[i]=='e'||s[i]=='E'||s[i]=='i'|| s[i]=='I'||s[i]==
        'o'||s[i]=='O'||s[i]=='u'||s[i]=='U')
      {c[j]=s[i];
       j++;
      }
  c[j]='\0';
}
```

运行结果：

```
input string:abcdfeghijklmn
The vowel letters are:aei
```

将 abcdefghijklm 中的元音字母输出。

8. 写一个函数,输入一个 4 位数字,要求输出这 4 个数字字符,但每两个数字间空一个空格。如输入 1990,应输出"１ ９ ９ ０"。

解：程序如下：

```
# include <stdio. h>
# include <string. h>
int main( )
{void insert(char [ ]);
 char str[80];
 printf("input four digits:");
 scanf("%s",str);
 insert(str);
 return 0;
}

void insert(char str[ ])
{int i;
 for (i=strlen(str);i>0;i--)
   {str[2*i]=str[i];
    str[2*i-1]=' ';
   }
 printf("output:\n%s\n",str);
}
```

运行结果：

```
input four digits:1357
output:
1 3 5 7
```

9. 编写一个函数,由实参传来一个字符串,统计此字符串中字母、数字、空格和其他字符的个数,在主函数中输入字符串以及输出上述的结果。

解：程序如下：

```
#include <stdio.h>
int letter,digit,space,others;
int main()
{void count(char [ ]);
  char text[80];
  printf("input string:\n");
  gets(text);
  printf("string:");
  puts(text);
  letter=0;
  digit=0;
  space=0;
  others=0;
  count(text);
  printf("\nletter:%d\ndigit:%d\nspace:%d\nothers:%d\n",letter,digit,space,others);
  return 0;
}


void count(char str[ ])
{int i;
  for(i=0;str[i]!='\0';i++)
  if((str[i]>='a'&& str[i]<='z')||(str[i]>='A' && str[i]<='Z'))
      letter++;
  else if (str[i]>='0' && str [i]<='9')
      digit++;
  else if (str[i]==32)
      space++;
  else
      others++;
}
```

运行结果：

```
input string:
My address is #123 Shanghai Road,Beijing,100045.
string:My address is #123 Shanghai Road,Beijing,100045.

letter:30
digit:9
space:5
others:4
```

10. 写一个函数，输入一行字符，将此字符串中最长的单词输出。

解： 认为单词是全由字母组成的字符串，程序中设 longest 函数的作用是找最长单词的位置。此函数的返回值是该行字符中最长单词的起始位置。longest 函数的 N-S 图如图 7.1 所示。

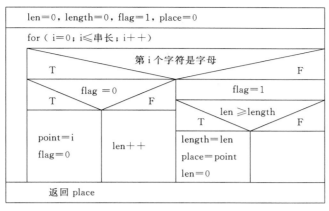

图 7.1

图 7.1 中用 flag 表示单词是否已开始,flag＝0 表示未开始,flag＝1 表示单词开始;len 代表当前单词已累计的字母个数;length 代表先前单词中最长单词的长度;point 代表当前单词的起始位置(用下标表示);place 代表最长单词的起始位置。函数 alphabetic 的作用是判断当前字符是否字母,若是则返回 1,否则返回 0。

程序如下:

```
# include <stdio. h>
# include <string. h>
int main( )
{int alphabetic(char);
 int longest(char [ ]);
 int i;
 char line[100];
 printf("input one line:\n");
 gets(line);
 printf("The longest word is :");
 for (i=longest(line);alphabetic(line[i]);i++)
    printf("%c",line[i]);
 printf("\n");
 return 0;
}

int alphabetic(char c)
{if ((c>='a' && c<='z')||(c>='A'&&c<='z'))
    return(1);
 else
    return(0);
}

int longest(char string[ ])
{int len=0,i,length=0,flag=1,place=0,point;
```

```
  for (i=0;i<=strlen(string);i++)
    if (alphabetic(string[i]))
      if (flag)
        {point=i;
         flag=0;
        }
      else
         len++;
   else
        {flag=1;
         if (len>=length)
            {length=len;
             place=point;
             len=0;
            }
        }
  return(place);
}
```

运行结果：

```
input one line:
I am a student.
The longest word is :student
```

11. 写一个函数，用“起泡法”对输入的 10 个字符按由小到大顺序排列。

解：主函数的 N-S 图如图 7.2 所示。sort 函数的作用是排序，其 N-S 图如图 7.3 所示。

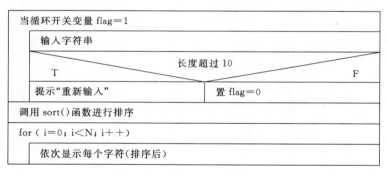

图 7.2

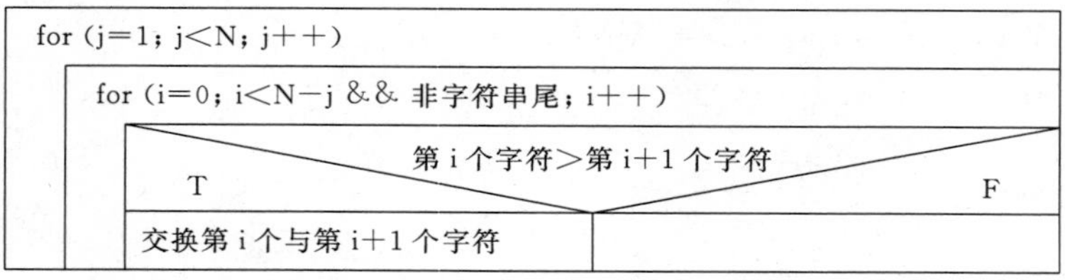

图 7.3

程序如下：

```
#include <stdio.h>
#include <string.h>
#define N 10
char str[N];
int main()
{void sort(char []);
 int i,flag;
 for (flag=1;flag==1;)
   {printf("input string:\n");
    scanf("%s",&str);
    if (strlen(str)>N)
       printf("string too long,input again!");
    else
       flag=0;
   }
 sort(str);
 printf("string sorted:\n");
 for (i=0;i<N;i++)
   printf("%c",str[i]);
 printf("\n");
 return 0;
}

void sort(char str[])
{int i,j;
 char t;
 for(j=1;j<N;j++)
   for (i=0;(i<N-j)&&(str[i]!='\0');i++)
     if(str[i]>str[i+1])
       {t=str[i];
        str[i]=str[i+1];
        str[i+1]=t;
       }
}
```

运行结果：

```
input string:
reputation
string sorted:
aeinoprttu
```

12. 用牛顿迭代法求根。方程为 $ax^3+bx^2+cx+d=0$，系数 a,b,c,d 的值依次为 $1,2$，$3,4$，由主函数输入。求 x 在 1 附近的一个实根。求出根后由主函数输出。

解：牛顿迭代公式为 $x = x_0 - \dfrac{f(x_0)}{f'(x_0)}$

其中 x_0 是上一次求出的近似根，在开始时根据题设 $x_0 = 1$（题目希望求 x 在 1 附近的一个实根，因此第 1 次的近似值可以设定为 1）。今 $f(x) = ax^3 + bx^2 + cx + d$，代入 a, b, c, d 的值，得到 $f(x) = x^3 + 2x^2 + 3x + 4$。$f'(x)$ 是 $f(x)$ 的导数，今 $f'(x) = 3x^2 + 6x + 3$。第 1 次迭代，$x = 1 - \dfrac{f(1)}{f'(1)} = 1 - \dfrac{1+2+3+4}{3+6+3} = 1 - \dfrac{10}{12} = 0.1666666$。第 2 次迭代以 0.1666666 作为 x_0 代入迭代公式，求出 x 的下一个近似值。依此类推，每次迭代都从 x 的上一个近似值求出下一个更接近真值的 x。一直迭代到 $|x - x_0| \leqslant 10^{-3}$ 时结束。

用牛顿迭代法求方程根的函数 solut 的 N-S 图如图 7.4 所示。

程序如下：

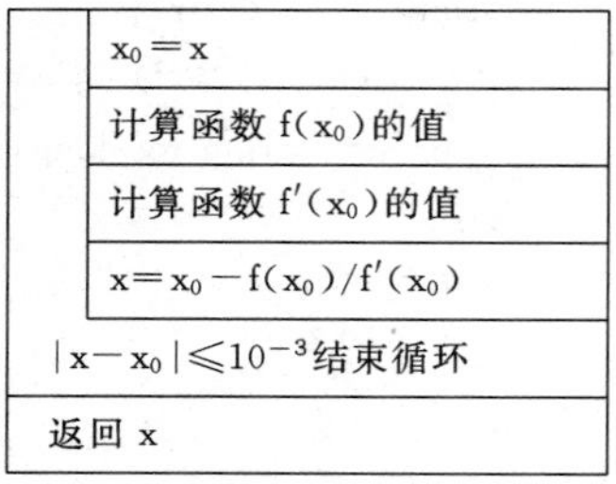

```
# include <stdio. h>
# include <math. h>
int main( )
{float solut(float a,float b,float c,float d);
 float a,b,c,d;
 printf("input a,b,c,d:");
 scanf("%f,%f,%f,%f",&a,&b,&c,&d);
 printf("x=%10.7f\n",solut(a,b,c,d));
     return 0;
}


float solut(float a,float b,float c,float d)
{float x=1,x0,f,f1;
 do
   {x0=x;
    f=((a * x0+b) * x0+c) * x0+d;
    f1=(3 * a * x0+2 * b) * x0+c;
    x=x0-f/f1;
   }
 while(fabs(x-x0)>=1e-3);
 return(x);
}
```

$x_0 = x$
计算函数 $f(x_0)$ 的值
计算函数 $f'(x_0)$ 的值
$x = x_0 - f(x_0)/f'(x_0)$
$|x-x_0| \leqslant 10^{-3}$ 结束循环
返回 x

图　7.4

运行结果：

```
input a,b,c,d:1,2,3,4
x=-1.6506292
```

输入系数 $1, 2, 3, 4$，求出近似根为 -1.6506292。

13. 用递归方法求 n 阶勒让德多项式的值，递归公式为：

$$p_n(x) = \begin{cases} 1 & (n = 0) \\ x & (n = 1) \\ ((2n-1) * x - p_{n-1}(x) - (n-1) * P_{n-2}(x))/n & (n \geqslant 1) \end{cases}$$

解：求递归函数 p 的 N-S 图如图 7.5 所示。

程序如下：

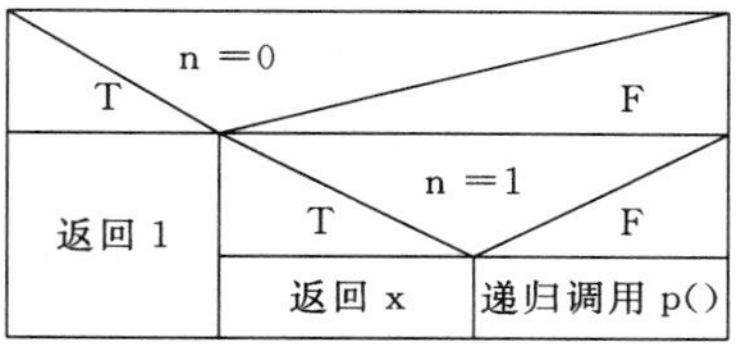

```
# include <stdio.h>
int main( )
  {int x,n;
  float p(int,int);
  printf("\ninput n & x:");
  scanf("%d,%d",&n,&x);
  printf("n=%d,x=%d\n",n,x);
  printf("P%d(%d)=%6.2f\n",n,x,p(n,x));
  return 0;
  }

  float p(int n,int x)
    {if(n==0)
       return (1);
     else if(n==1)
       return(x);
     else
       return(2 * n−1) * x * p((n−1),x)−(n−1) * p((n−2),x)/n;
    }
```

图　7.5

运行结果：

①：

```
input n & x:0,7
n=0,x=7
P0(7)=  1.00
```

②：

```
input n & x:1,2
n=1,x=2
P1(2)=  2.00
```

③：

```
input n & x:3,4
n=3,x=4
P3(4)=947.33
```

14. 输入 10 个学生 5 门课的成绩，分别用函数实现下列功能：

① 计算每个学生的平均分；

② 计算每门课的平均分；

③ 找出所有 50 个分数中最高的分数所对应的学生和课程；

④ 计算平均分方差：

$$\sigma = \frac{1}{n} \sum x_i^2 - \left(\frac{\sum x_i}{n} \right)^2$$

其中，x_i 为某一学生的平均分。

解：主函数的 N-S 图如图 7.6 所示。

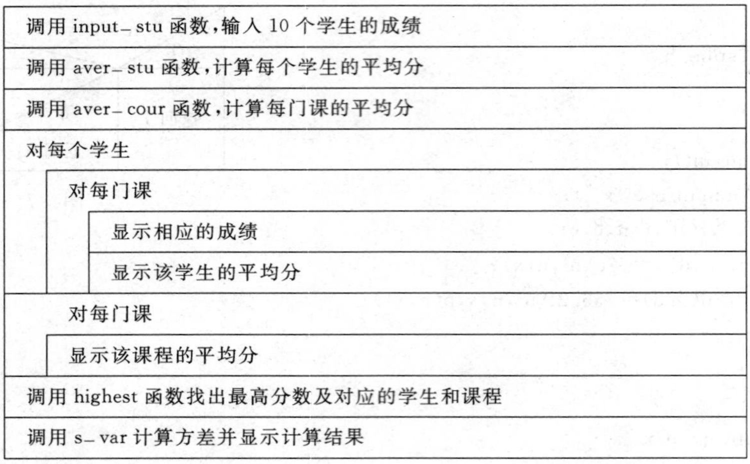

调用 input_stu 函数,输入 10 个学生的成绩
调用 aver_stu 函数,计算每个学生的平均分
调用 aver_cour 函数,计算每门课的平均分
对每个学生
对每门课
显示相应的成绩
显示该学生的平均分
对每门课
显示该课程的平均分
调用 highest 函数找出最高分数及对应的学生和课程
调用 s_var 计算方差并显示计算结果

图　7.6

函数 input_stu 的执行结果是给全程变量学生成绩数组 score 各元素输入初值。

函数 aver_stu 的作用是计算每个学生的平均分,并将结果赋给全程变量数组 a_stu 中各元素。函数 aver_cour 的作用是计算每门课的平均成绩,计算结果存入全程变量数组 a_cour。

函数 highest 的返回值是最高分,r、c 是两个全局变量,分别代表最高分所在的行、列号。该函数的 N-S 图见图 7.7。

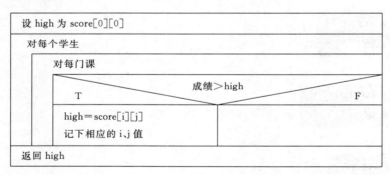

图　7.7

函数 s_var 的返回值是平均分的方差。

程序如下：

```c
# include <stdio. h>
# define N 10
# define M 5
float score[N][M];                    //全局数组
float a_stu[N],a_cour[M];             //全局数组
int r,c;                              //全局变量
int main( )
```

```c
{ int i,j;
  float h;
  float s_var(void);                          //函数声明
  float highest( );                           //函数声明
  void input_stu(void);                       //函数声明
  void aver_stu(void);                        //函数声明
  void aver_cour(void);                       //函数声明
  input_stu( );                               //函数调用,输入 10 个学生成绩
  aver_stu( );                                //函数调用,计算 10 个学生平均成绩
  aver_cour( );
  printf("\n  NO.     cour1    cour2    cour3    cour4    cour5    aver\n");
  for(i=0;i<N;i++)
   {printf("\n NO %2d ",i+1);                 //输出一个学生号
    for(j=0;j<M;j++)
      printf("%8.2f",score[i][j]);            //输出一个学生各门课的成绩
    printf("%8.2f\n",a_stu[i]);               //输出一个学生的平均成绩
   }
  printf("\naverage:");                       //输出 5 门课平均成绩
  for (j=0;j<M;j++)
    printf("%8.2f",a_cour[j]);
  printf("\n");
  h=highest( );                               //调用函数,求最高分和它属于哪个学生、哪门课
  printf("highest:%7.2f   NO. %2d   course %2d\n",h,r,c);
                                              //输出最高分和学生号、课程号
  printf("variance %8.2f\n",s_var( ));        //调用函数,计算并输出方差
  return 0;
}


void input_stu(void)                          //输入 10 个学生成绩的函数
 {int i,j;
  for (i=0;i<N;i++)
   {printf("\ninput score of student%2d:\n",i+1);        //学生号从 1 开始
    for (j=0;j<M;j++)
      scanf("%f",&score[i][j]);
   }
 }


void aver_stu(void)                           //计算 10 个学生平均成绩的函数
 {int i,j;
  float s;
  for (i=0;i<N;i++)
   {for (j=0,s=0;j<M;j++)
      s+=score[i][j];
    a_stu[i]=s/5.0;
   }
```

```
        }
    void aver_cour(void)                          //计算 5 门课平均成绩的函数
    {int i,j;
      float s;
      for (j=0;j<M;j++)
        {s=0;
          for (i=0;i<N;i++)
            s+=score[i][j];
          a_cour[j]=s/(float)N;
        }
    }


    float highest( )                              //求最高分和它属于哪个学生、哪门课的函数
    {float high;
      int i,j;
      high=score[0][0];
      for (i=0;i<N;i++)
        for (j=0;j<M;j++)
          if (score[i][j]>high)
            {high=score[i][j];
              r=i+1;                              //数组行号 i 从 0 开始,学生号 r 从 1 开始,故 r=i+1
              c=j+1;                              //数组列号 j 从 0 开始,课程号 c 从 1 开始,故 c=j+1
            }
      return(high);
    }


    float s_var(void)                             //求方差的函数
    {int i;
      float sumx,sumxn;
      sumx=0.0;
      sumxn=0.0;
      for (i=0;i<N;i++)
        {sumx+=a_stu[i] * a_stu[i];
          sumxn+=a_stu[i];
        }
      return(sumx/N-(sumxn/N) * (sumxn/N));
    }
```

运行结果:

```
input score of student 1:
87 88 92 67 78

input score of student 2:
88 86 87 98 90
```

```
input score of student 3:
76 75 65 65 78

input score of student 4:
67 87 60 90 67

input score of student 5:
77 78 85 64 56

input score of student 6:
76 89 94 65 76

input score of student 7:
78 75 64 67 77

input score of student 8:
77 76 56 87 85

input score of student 9:
84 67 78 76 89

input score of student10:
86 75 64 69 90
```

以上是输入 10 个学生的 5 门课的成绩,下面是输出结果:

```
NO.      cour1    cour2    cour3    cour4    cour5    aver

NO   1   87.00    88.00    92.00    67.00    78.00    82.40

NO   2   88.00    86.00    87.00    98.00    90.00    89.80

NO   3   76.00    75.00    65.00    65.00    78.00    71.80

NO   4   67.00    87.00    60.00    90.00    67.00    74.20

NO   5   77.00    78.00    85.00    64.00    56.00    72.00

NO   6   76.00    89.00    94.00    65.00    76.00    80.00

NO   7   78.00    75.00    64.00    67.00    77.00    72.20

NO   8   77.00    76.00    56.00    87.00    85.00    76.20

NO   9   84.00    67.00    78.00    76.00    89.00    78.80

NO  10   86.00    75.00    64.00    69.00    90.00    76.80

average:   79.60    79.60    74.50    74.80    78.60
highest:   98.00    NO.  2   course   4
variance   28.71
```

15. 写几个函数:

① 输入 10 个职工的姓名和职工号;

② 按职工号由小到大顺序排序,姓名顺序也随之调整;

③ 要求输入一个职工号,用折半查找法找出该职工的姓名,从主函数输入要查找的职工号,输出该职工姓名。

解:input 函数是完成 10 个职工的数据的录入。sort 函数的作用是选择法排序,其流程类似于本书习题解答第 6 章第 2 题。

search 函数的作用是用折半查找的方法找出指定职工号的职工姓名,其查找的算法参见本书习题解答第 6 章第 9 题。

程序如下:

```
#include <stdio.h>
```

```c
#include <string.h>
#define N 10
int main( )
    {void input(int [ ],char name[ ][8]);
     void sort(int [ ],char name[ ][8]);
     void search(int ,int [ ],char name[ ][8]);
     int num[N],number,flag=1,c;
     char name[N][8];
     input(num,name);
     sort(num,name);
     while (flag==1)
        {printf("\ninput number to look for:");
         scanf("%d",&number);
         search(number,num,name);
         printf("continue ot not(Y/N)?");
         getchar( );
         c=getchar( );
         if (c=='N'||c=='n')
             flag=0;
        }
     return 0;
    }


void input(int num[ ],char name[N][8])        //输入数据的函数
 {int i;
  for (i=0;i<N;i++)
   {printf("input NO.:");
    scanf("%d",&num[i]);
    printf("input name:");
    getchar( );
    gets(name[i]);
   }
 }


void sort(int num[ ],char name[N][8])         //排序的函数
 { int i,j,min,templ;
   char temp2[8];
   for (i=0;i<N-1;i++)
    {min=i;
     for (j=i;j<N;j++)
       if (num[min]>num[j])   min=j;
     templ=num[i];
     strcpy(temp2,name[i]);
     num[i]=num[min];
     strcpy (name[i],name[min]);
```

```
            num[min]=templ;
            strcpy(name[min],temp2);
        }
    printf("\n result:\n");
    for (i=0;i<N;i++)
        printf("\n %5d%10s",num[i],name[i]);
}


void search(int n,int num[ ],char name[N][8])      //折半查找的函数
    {int top,bott,mid,loca,sign;
    top=0;
    bott=N-1;
    loca=0;
    sign=1;
    if ((n<num[0])||(n>num[N-1]))
        loca=-1;
    while((sign==1) && (top<=bott))
        {mid=(bott+top)/2;
        if (n==num[mid])
            {loca=mid;
            printf("NO. %d , his name is %s. \n",n,name[loca]);
            sign=-1;
            }
        else if (n<num[mid])
            bott=mid-1;
        else
            top=mid+1;
        }
    if (sign==1 || loca==-1)
        printf("%d not been found. \n",n);
}
```

运行结果：

```
input NO.: 3
input name: Li
input NO.: 1
input name: Zhang
input NO.: 27
input name: Yang
input NO.: 7
input name: Qian
input NO.: 8
input name: Sun
input NO.: 12
input name: Jiang
input NO.: 6
input name: Zhao
input NO.: 23
input name: Shen
input NO.: 2
input name: Wang
input NO.: 26
input name: Han
```

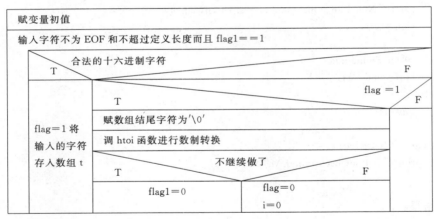

```
result:

    1      Zhang
    2      Wang
    3      Li
    6      Zhao
    7      Qian
    8      Sun
   12      Jiang
   23      Shen
   26      Han
   27      Yang
```

```
input number to look for:3
NO. 3 , his name is Li.
continue ot not<Y/N>?y

input number to look for:4
4 not been found.
continue ot not<Y/N>?n
```

先输入 10 个职工的号码和姓名,然后按职工号由小到大顺序排序。查询职工号为 3 和 4 的姓名。

16. 写一个函数,输入一个十六进制数,输出相应的十进制数。

解:主函数 main 的 N-S 图如图 7.8 所示。求十进制数的函数 htoi 的 N-S 图如图 7.9 所示。

赋变量初值

输入字符不为 EOF 和不超过定义长度而且 flag1==1

图 7.8

程序如下:

```
# include <stdio. h>
# define MAX 1000
int main( )
{ int htoi(char s[ ]);
  int c,i,flag,flag1;
  char t[MAX];
  i=0;
  flag=0;
  flag1=1;
```

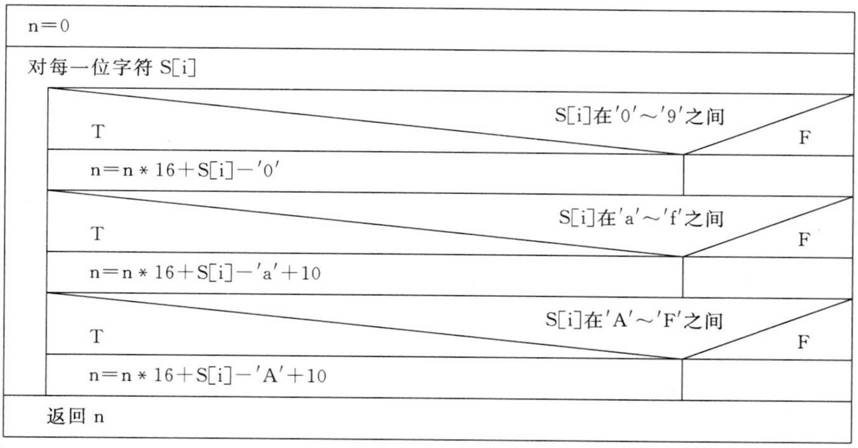

n=0
对每一位字符 S[i]

T	S[i]在'0'~'9'之间	F
n=n * 16+S[i]-'0'		

T	S[i]在'a'~'f'之间	F
n=n * 16+S[i]-'a'+10		

T	S[i]在'A'~'F'之间	F
n=n * 16+S[i]-'A'+10		

返回 n

图 7.9

```
printf("input a HEX number:");
while((c=getchar( ))!='\0' && i<MAX&& flag1)
  {if (c>='0' && c<='9'||c>='a' && c<='f'||c>='A' && c<='F')
      {flag=1;
       t[i++]=c;
      }
   else if (flag)
      {t[i]='\0';
       printf("decimal   number %d\n",htoi(t));
       printf("continue or not?");
       c=getchar( );
       if (c=='N'||c=='n')
           flag1=0;
       else
         {flag=0;
          i=0;
          printf("\ninput a HEX number:");
         }
      }
  }
return 0;
}


int htoi(char s[ ])
{ int i,n;
  n=0;
  for (i=0;s[i]!='\0';i++)
   {if (s[i]>='0'&& s[i]<='9')
       n=n * 16+s[i]-'0';
    if (s[i]>='a' && s[i]<='f')
```

```
            n=n*16+s[i]−'a'+10;
        if (s[i]>='A' && s[i]<='F')
            n=n*16+s[i]−'A'+10;
    }
    return(n);
}
```

运行结果：

```
input a HEX number:a11
decimal  number 2577
continue or not?y

input a HEX number:10
decimal  number 16
continue or not?y

input a HEX number:f
decimal  number 15
continue or not?n
```

17. 用递归法将一个整数 n 转换成字符串。例如，输入 483，应输出字符串"483"。n 的位数不确定，可以是任意位数的整数。

解：主函数的 N-S 图如图 7.10 所示。

程序如下：

```
#include <stdio.h>
int main( )
{ void convert(int n);
  int number;
  printf("input an integer:");
  scanf("%d",&number);
  printf("output:");
  if (number<0)
    {putchar('−');putchar(' ');          //先输出一个"−"号和空格
     number=−number;
    }
  convert(number);
  printf("\n");
  return 0;
}

void convert(int n)                        //递归函数
{ int i;
  if ((i=n/10)!=0)
    convert(i);
  putchar(n%10+'0');
  putchar(32);
}
```

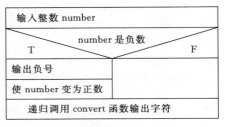

输入整数 number		
	number 是负数	
T		F
输出负号		
使 number 变为正数		
递归调用 convert 函数输出字符		

图　7.10

运行结果：

①：

```
input an integer: 2345678
output: 2 3 4 5 6 7 8
```

②：

```
input an integer: -345
output: - 3 4 5
```

说明：如果是负数，要把它转换为正数，同时人为地输出一个"一"号。convert 函数只处理正数。假如 number 的值是 345，调用 convert 函数时把 345 传递给 n。执行函数体，n/10 的值(也是 i 的值)为 34，不等于 0。再调用 convert 函数，此时形参 n 的值为 34。再执行函数体，n/10 的值(也是 i 的值)为 3，不等于 0。再调用 convert 函数，此时形参 n 的值为 3。再执行函数体，n/10 的值(也是 i 的值)等于 0。不再调用 convert 函数，而执行 putchar (n%10+'0')，此时 n 的值是 3，故 n%10 的值是 3(%是求余运算符)，字符'0'的 ASCII 代码是 48，3 加 4 等于 51，51 是字符'3'的 ASCII 代码，因此 putchar(n%10+'0')输出字符'3'。接着 putchar(32)输出一个空格，以使两个字符之间用空格分隔。

然后，流程返回到上一次调用 convert 函数处，应该接着执行 putchar(n%10+'0')，注意此时的 n 是上一次调用 convert 函数时的 n，其值为 34，因此 n%10 的值为 4，再加'0'等于 52，52 是字符'4'的 ASCII 代码，因此 putchar(n%10+'0')输出字符'4'，接着 putchar(32)输出一个空格。

流程又返回到上一次调用 convert 函数处，应该接着执行 putchar(n%10+'0')，注意此时的 n 是第 1 次调用 convert 函数时的 n，其值为 345，因此 n%10 的值为 5，再加'0'等于 53，53 是字符'5'的 ASCII 代码，因此 putchar(n%10+'0')输出字符'5'，接着 putchar(32)输出一个空格。

至此，对 convert 函数的递归调用结束，返回主函数，输出一个换行，程序结束。

putchar(n%10+'0')也可以改写为 putchar(n%10+48)，因为 48 是字符'0'的 ASCII 代码。

18. 给出年、月、日，计算该日是该年的第几天。

解：主函数接收从键盘输入的日期，并调用 sum_day 和 leap 函数计算天数。其 N-S 图见图 7.11。sum_day 计算输入日期的天数。leap 函数返回是否是闰年的信息。

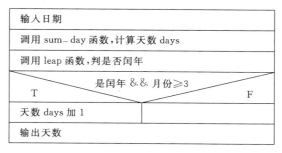

图 7.11

解：程序如下：

```
#include <stdio.h>
int main( )
{int sum_day(int month,int day);
 int leap(int year);
 int year,month,day,days;
 printf("input date(year,month,day):");
 scanf("%d,%d,%d",&year,&month,&day);
 printf("%d/%d/%d ",year,month,day);
 days=sum_day(month,day);                          //调用函数 sum_day
 if(leap(year)&&month>=3)                          //调用函数 leap
     days=days+1;
 printf("is the %dth day in this year.\n",days);
 return 0;
}

int sum_day(int month,int day)                     //函数 sum_day:计算日期
   {int day_tab[13]={0,31,28,31,30,31,30,31,31,30,31,30,31};
    int i;
    for (i=1;i<month;i++)
        day+=day_tab[i];                           //累加所在月之前天数
    return(day);
   }                                               //函数 leap:判断是否为闰年

int leap(int year)
  {int leap;
   leap=year%4==0&&year%100!=0||year%400==0;
   return(leap);
  }
```

运行结果：

```
input date(year,month,day):2008,8,8
2008/8/8 is the 221th day in this year.
```

第 8 章　善于利用指针

本章习题均要求用指针方法处理。

1. 输入 3 个整数，按由小到大的顺序输出。

解：程序如下：

```
# include <stdio. h>
int main( )
{ void swap(int * p1,int * p2);
  int n1,n2,n3;
  int * p1, * p2, * p3;
  printf("input three integer n1,n2,n3:");
  scanf("%d,%d,%d",&n1,&n2,&n3);
  p1=&n1;
  p2=&n2;
  p3=&n3;
  if(n1>n2) swap(p1,p2);
  if(n1>n3) swap(p1,p3);
  if(n2>n3) swap(p2,p3);
  printf("Now,the order is:%d,%d,%d\n",n1,n2,n3);
  return 0;
}

 void swap(int * p1,int * p2)
  {int p;
   p= * p1; * p1= * p2; * p2=p;
  }
```

运行结果：

```
input three integer n1,n2,n3:34,21,25
Now,the order is:21,25,34
```

2. 输入 3 个字符串，按由小到大的顺序输出。

解：程序如下：

```
# include <stdio. h>
# include <string. h>
int main( )
{void swap(char * ,char * );
 char str1[20],str2[31],str3[20];
 printf("input three line:\n");
```

```
gets(str1);
gets(str2);
gets(str3);
if(strcmp(str1,str2)>0)   swap(str1,str2);
if(strcmp(str1,str3)>0)   swap(str1,str3);
if(strcmp(str2,str3)>0)   swap(str2,str3);
printf("Now,the order is:\n");
printf("%s\n%s\n%s\n",str1,str2,str3);
return 0;
}

void swap(char * p1,char * p2)
{char p[20];
 strcpy(p,p1);strcpy(p1,p2);strcpy(p2,p);
}
```

运行结果:

```
input three line:
I study very hard.
C language is very interesting.
He is a professfor.
Now,the order is:
C language is very interesting.
He is a professfor.
I study very hard.
```

输入 3 行文字,程序把它们按字母由小到大的顺序输出。

3. 输入 10 个整数,将其中最小的数与第 1 个数对换,把最大的数与最后一个数对换。写 3 个函数:①输入 10 个数;②进行处理;③输出 10 个数。

解:程序如下:

```
#include <stdio.h>
int main( )
 { void input(int * );
   void max_min_value(int * );
   void output(int * );
   int number[10];
   input(number);                       //调用输入 10 个数的函数
   max_min_value(number);               //调用交换函数
   output(number);                      //调用输出函数
   return 0;
 }

 void input(int * number)               //输入 10 个数的函数
 {int i;
  printf("input 10 numbers:");
  for (i=0;i<10;i++)
     scanf("%d",&number[i]);
```

```
        }

    void max_min_value(int * number)                //交换函数
    { int * max, * min, * p,temp;
      max=min=number;                               //开始时使 max 和 min 都指向第 1 个数
      for (p=number+1;p<number+10;p++)
       if ( * p> * max) max=p;       //若 p 指向的数大于 max 指向的数,就使 max 指向 p 指向的大数
        else if ( * p< * min) min=p;//若 p 指向的数小于 min 指向的数,就使 min 指向 p 指向的小数
      temp=number[0];number[0]= * min; * min=temp;  //将最小数与第 1 个数 number[0]交换
      if(max==number) max=min;
           //如果 max 和 number 相等,表示第 1 个数是最大数,则使 max 指向当前的最大数
      temp=number[9];number[9]= * max; * max=temp;  //将最大数与最后一个数交换
        }


    void output(int * number)                       //输出函数
      {int * p;
      printf("Now,they are:        ");
      for (p=number;p<number+10;p++)
          printf("%d", * p);
      printf("\n");
        }
```

分析：关键在 max_min_value 函数,请认真分析此函数。形参 number 是指针,局部变量 max,min 和 p 都定义为指针变量,max 用来指向当前最大的数,min 用来指向当前最小的数。

number 是第 1 个数 number[0]的地址,开始时执行 max=min=number 的作用就是使 max 和 min 都指向第 1 个数 number[0]。以后使 p 先后指向 10 个数中的第 2~10 个数。如果发现第 2 个数比第 1 个数 number[0]大,就使 max 指向这个大的数,而 min 仍指向第 1 个数。如果第 2 个数比第 1 个数 number[0]小,就使 min 指向这个小的数,而 max 仍指向第 1 个数。然后使 p 移动到指向第 3 个数,处理方法同前。直到 p 指向第 10 个数,并比较完毕为止。此时 max 指向 10 个数中的最大者,min 指向 10 个数中的最小者。假如原来 10 个数是：

32 24 56 78 1 98 36 44 29 6

在经过比较和对换后,max 和 min 的指向为

32 24 56 78 1 98 36 44 29 6

↑   ↑

min max

此时,将最小数 1 与第 1 个数(即 number[0])32 交换,将最大数 98 与最后一个数 6 交换。因此应执行以下两行：

```
    temp=number[0];number[0]= * min; * min=temp;   //将最小数与第 1 个数 number[0]交换
    temp=number[9];number[9]= * max; * max=temp;   //将最大数与最后一个数交换
```

最后将已改变的数组输出。

运行结果：

```
input 10 numbers:32 24 56 78 1 98 36 44 29 6
Now,they are:    1 24 56 78 32 6 36 44 29 98
```

但是,有一个特殊的情况应当考虑:如果原来 10 个数中第 1 个数 number[0]最大,如:

$$98 \quad 24 \quad 56 \quad 78 \quad 1 \quad 32 \quad 36 \quad 44 \quad 29 \quad 6$$

在经过比较和对换后,max 和 min 的指向为

$$98 \quad 24 \quad 56 \quad 78 \quad 1 \quad 32 \quad 36 \quad 44 \quad 29 \quad 6$$

$$\quad\uparrow \qquad\qquad\qquad \uparrow$$
$$\quad \text{max} \qquad\qquad\quad \text{min}$$

在执行完上面第 1 行"temp＝number[0];number[0]＝ * min; * min＝temp;"后,最小数 1 与第 1 个数 number[0]对换,这个最大数就被调到后面去了(与最小的数对调)。

$$1 \quad 24 \quad 56 \quad 78 \quad 98 \quad 32 \quad 36 \quad 44 \quad 29 \quad 6$$

$$\uparrow \qquad\qquad\qquad \uparrow$$
$$\text{max} \qquad\qquad\quad \text{min}$$

请注意:数组元素的值改变了,但是 max 和 min 的指向未变,max 仍指向 number[0]。此时如果接着执行下一行:

temp＝number[9];number[9]＝ * max; * max＝temp;

就会出问题,因为此时 max 并不指向最大数,而指向的是第 1 个数,结果是将第 1 个数(最小的数已调到此处)与最后一个数 number[9]对调。结果就变成:

$$6 \quad 24 \quad 56 \quad 78 \quad 98 \quad 32 \quad 36 \quad 44 \quad 29 \quad 1$$

显然不对了。

为此,在以上两行中间加上一行:

if (max＝＝number) max ＝ min;

由于经过执行"temp＝number[0];number[0]＝ * min; * min＝temp;"后,10 个数的排列为

$$1 \quad 24 \quad 56 \quad 78 \quad 98 \quad 32 \quad 36 \quad 44 \quad 29 \quad 6$$

$$\uparrow \qquad\qquad\qquad \uparrow$$
$$\text{max} \qquad\qquad\quad \text{min}$$

max 指向第 1 个数,if 语句判别出 max 和 number 相等(即 max 和 number 都指向 number[0]),而实际上 max 此时指向的已非最大数了,就执行"max＝min",使 max 也指向 min 当前的指向。而 min 原来是指向最小数的,刚才与 number[0]交换,而 number[0]原来是最大数,所以现在 min 指向的是最大数。执行 max＝min 后 max 也指向这个最大数。

$$1 \quad 24 \quad 56 \quad 78 \quad 98 \quad 32 \quad 36 \quad 44 \quad 29 \quad 6$$

$$\uparrow$$
$$\text{min,max}$$

然后执行下面的语句:

temp ＝ number[9];number[9]＝ * max; * max＝temp;

这就没问题了，实现了把最大数与最后一个数交换。

运行结果：

```
input 10 numbers: 98 24 56 78 1 32 36 44 29 6↙
Now,they are:  1 24 56 78 6 32 36 44 29 98
```

读者可以将上面的“if (max==number) max=min;”删去，再运行程序，输入以上数据，分析一下结果。

也可以采用另一种方法：先找出10个数中的最小数，把它和第1个数交换，然后再重新找10个数中的最大数，把它和最后一个数交换。这样就可以避免出现以上的问题。重写void max_min_value函数如下：

```
void max_min_value(int *number)                    //交换函数
 { int *max,*min,*p,temp;
   max=min=number;                                 //开始时使max和min都指向第1个数
   for (p=number+1;p<number+10;p++)
      if (*p<*min) min=p;    //若p指向的数小于min指向的数,就使min指向p指向的小数
   temp=number[0];number[0]=*min;*min=temp;  //将最小数与第1个数number[0]交换
   for (p=number+1;p<number+10;p++)
     if (*p>*max) max=p; //若p指向的数大于max指向的数,就使max指向p指向的大数
   temp=number[9];number[9]=*max;*max=temp; //将最大数与最后一个数交换
 }
```

这种思路容易理解。

这道题有些技巧，请读者仔细分析，学会分析程序运行时出现的各种情况，并善于根据情况予以妥善处理。

4. 有 n 个整数，使前面各数顺序向后移 m 个位置，最后 m 个数变成最前面 m 个数，见图8.1。写一函数实现以上功能，在主函数中输入 n 个整数和输出调整后的 n 个数。

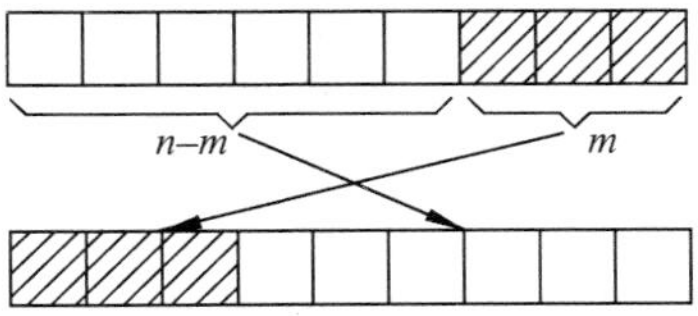

图 8.1

解：程序如下：

```
#include <stdio.h>
int main( )
{void move(int [20],int,int);
 int number[20],n,m,i;
 printf("how many numbers?");                      //问共有多少个数
 scanf("%d",&n);
 printf("input %d numbers:\n",n);
 for (i=0;i<n;i++)
   scanf("%d",&number[i]);                         //输入n个数
 printf("how many place you want move?");          //问后移多少个位置
 scanf("%d",&m);
 move(number,n,m);                                 //调用move函数
 printf("Now,they are:\n");
 for (i=0;i<n;i++)
```

```
        printf("%d  ",number[i]);
    printf("\n");
    return 0;
}

void move(int array[20],int n,int m)                        //循环后移一次的函数
{int * p,array_end;
  array_end= * (array+n-1);
  for (p=array+n-1;p>array;p--)
    * p= * (p-1);
  * array=array_end;
  m--;
  if (m>0) move(array,n,m);                    //递归调用,当循环次数 m 减至为 0 时,停止调用
}
```

运行结果:

```
how many numbers?8
input 8 numbers:
12 43 65 67 8 2 7 11
how many place you want move?4
Now,they are:
8  2  7  11  12  43  65  67
```

5. n 个人围成一圈,顺序排号。从第 1 个人开始报数(从 1 到 3 报数),凡报到 3 的人退出圈子,问最后留下的是原来第几号的那位。

解: N-S 图如图 8.2 所示。

程序如下:

```
#include <stdio.h>
int main( )
{int i,k,m,n,num[50], * p;
  printf("\ninput number of person:n=");
  scanf("%d",&n);
  p=num;
  for (i=0;i<n;i++)
    * (p+i)=i+1;               //以 1 至 n 为序给每个人编号
  i=0;                         //i 为每次循环时计数变量
  k=0;                         //k 为按 1,2,3 报数时的计数变量
  m=0;                         //m 为退出人数
  while (m<n-1)                //当退出人数比 n-1 少时(即未退出人数大于 1 时)执行循环体
  {if ( * (p+i)!=0)  k++;
    if (k==3)
      { * (p+i)=0;             //对退出的人的编号置为 0
        k=0;
        m++;
      }
    i++;
    if (i==n) i=0;             //报数到尾后,i 恢复为 0
```

```
        }
    while( * p = = 0) p + + ;
    printf("The last one is NO. %d\n", * p);
    return 0;
}
```

运行结果：

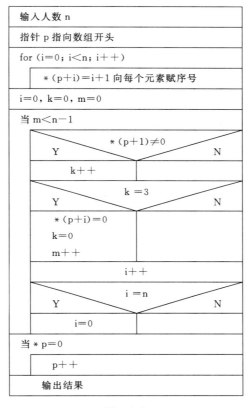

输入人数 n

图 8.2

6. 写一函数，求一个字符串的长度。在 main 函数中输入字符串，并输出其长度。

解：程序如下：

```
# include <stdio. h>
int main( )
{int length(char * p);
int len;
char str[20];
printf("input string： ");
scanf("%s",str);
len=length(str);
```

```
    printf("The length of string is %d.\n",len);
    return 0;
}

int length(char * p)                    //求字符串长度函数
{int n;
 n=0;
 while ( * p!='\0')
  {n++;
   p++;
  }
 return(n);
}
```

运行结果:

```
input string:  China
The length of string is 5.
```

7. 有一字符串,包含 n 个字符。写一函数,将此字符串中从第 m 个字符开始的全部字符复制成为另一个字符串。

解:程序如下:

```
#include <stdio. h>
#include <string. h>
int main( )
{void copystr(char * ,char * ,int);
 int m;
 char str1[20],str2[20];
 printf("input string:");
 gets(str1);
 printf("which character that begin to copy?");
 scanf("%d",&m);
 if (strlen(str1)<m)
   printf("input error!");
 else
   {copystr(str1,str2,m);
    printf("result:%s\n",str2);
   }
 return 0;
}

void copystr(char * p1,char * p2,int m)    //字符串部分复制函数
{int n;
 n=0;
 while (n<m-1)
  {n++;
```

```
        p1++;
      }
  while ( * p1!='\0')
    { * p2= * p1;
      p1++;
      p2++;
    }
  * p2='\0';
}
```

运行结果：

```
input string:reading_room
which character that begin to copy?9
result:room
```

8. 输入一行文字，找出其中大写字母、小写字母、空格、数字以及其他字符各有多少。

解：程序如下：

```
# include <stdio. h>
int main( )
{int upper=0,lower=0,digit=0,space=0,other=0,i=0;
 char * p,s[20];
 printf("input string： ");
 while ((s[i]=getchar( ))!='\n') i++;
 p=&s[0];
 while ( * p!='\n')
  {if (('A'<= * p) && ( * p<='Z'))
      ++upper;
    else if (('a'<= * p) && ( * p<='z'))
      ++lower;
    else if ( * p==' ')
      ++space;
    else if (( * p<='9') && ( * p>='0'))
      ++digit;
    else
      ++other;
    p++;
  }
 printf("upper case:%d        lower case:%d",upper,lower);
 printf("      space:%d    digit:%d        other:%d\n",space,digit,other);
 return 0;
}
```

运行结果：

```
input string:  Today is 2008/8/8
upper case:1    lower case:6    space:2    digit:6    other:2
```

9. 写一函数,将一个 3×3 的整型矩阵转置。

解:程序如下:

```c
#include <stdio.h>
int main()
{void move(int * pointer);
 int a[3][3], * p,i;
 printf("input matrix:\n");
 for (i=0;i<3;i++)
    scanf("%d %d %d",&a[i][0],&a[i][1],&a[i][2]);
 p=&a[0][0];
 move(p);
 printf("Now,matrix:\n");
 for (i=0;i<3;i++)
    printf("%d %d %d\n",a[i][0],a[i][1],a[i][2]);
 return 0;
 }

void move(int * pointer)
 {int i,j,t;
   for (i=0;i<3;i++)
     for (j=i;j<3;j++)
       {t= * (pointer+3 * i+j);
        * (pointer+3 * i+j)= * (pointer+3 * j+i);
        * (pointer+3 * j+i)=t;
       }
 }
```

运行结果:

```
input matrix:
1 2 3
4 5 6
7 8 9
Now,matrix:
1 4 7
2 5 8
3 6 9
```

说明:a 是二维数组,p 和形参 pointer 是指向整型数据的指针变量,p 指向数组 0 行 0 列元素 a[0][0]。在调用 move 函数时,将实参 p 的值 &a[0][0] 传递给形参 pointer,在 move 函数中将 a[i][j] 与 a[j][i] 的值互换。由于 a 数组的大小是 3×3,而数组元素是按行排列的,因此 a[i][j] 在 a 数组中是第(3×i+j)个元素,例如,a[2][1] 是数组中第(3×2+1)个元素,即第 7 个元素(序号从 0 算起)。a[i][j] 的地址是(pointer+3 * i+j),同理,a[j][i] 的地址是(pointer+3 * j+i)。将 * (pointer+3 * i+j)和 * (pointer+3 * j+i)互换,就是将 a[i][j] 和 a[j][i] 互换。

10. 将一个 5×5 的矩阵中最大的元素放在中心,4 个角分别放 4 个最小的元素(顺序为从左到右,从上到下依次从小到大存放),写一函数实现之。用 main 函数调用。

解：

（1）程序如下：

```
#include <stdio.h>
int main()
{void change(int * p);
 int a[5][5],* p,i,j;
 printf("input matrix:\n");          //提示输入二维数组各元素
 for (i=0;i<5;i++)
   for (j=0;j<5;j++)
     scanf("%d",&a[i][j]);
 p=&a[0][0];                         //使 p 指向 0 行 0 列元素
 change(p);                          //调用 change 函数,实现交换
 printf("Now,matrix:\n");
 for (i=0;i<5;i++)                   //输出已交换的二维数组
  {for (j=0;j<5;j++)
     printf("%d ",a[i][j]);
   printf("\n");
  }
 return 0;
}


void change(int * p)                 //交换函数
{int i,j,temp;
 int * pmax,* pmin;
 pmax=p;
 pmin=p;
 for (i=0;i<5;i++)                   //找最大值和最小值的地址,并赋给 pmax,pmin
   for (j=i;j<5;j++)
    {if ( * pmax< * (p+5 * i+j)) pmax=p+5 * i+j;
     if ( * pmin> * (p+5 * i+j)) pmin=p+5 * i+j;
    }
 temp= * (p+12);                     //将最大值换给中心元素
 * (p+12)= * pmax;
 * pmax=temp;
 temp= * p;                          //将最小值换给左上角元素
 * p= * pmin;
 * pmin=temp;
 pmin=p+1;
 for (i=0;i<5;i++)                   //找第二最小值的地址赋给 pmin
   for (j=0;j<5;j++)
     if (((p+5 * i+j)!=p) && ( * pmin> * (p+5 * i+j))) pmin=p+5 * i+j;
 temp= * pmin;                       //将第二最小值换给右上角元素
 * pmin= * (p+4);
 * (p+4)=temp;
```

```
      pmin=p+1;
      for (i=0;i<5;i++)                        //找第三最小值的地址赋给 pmin
        for (j=0;j<5;j++)
          if ((((p+5*i+j)!=(p+4))&&((p+5*i+j)!=p)&&( * pmin> * (p+5*i+j))))
              pmin=p+5*i+j;
      temp= * pmin;                            //将第三最小值换给左下角元素
       * pmin= * (p+20);
       * (p+20)=temp;
      pmin=p+1;
      for (i=0;i<5;i++)                        //找第四最小值的地址赋给 pmin
        for (j=0;j<5;j++)
          if (((p+5*i+j)!=p) && ((p+5*i+j)!=(p+4)) && ((p+5*i+j)!=(p+20)) &&
              ( * pmin> * (p+5*i+j)))          pmin=p+5*i+j;
      temp= * pmin;                            //将第四最小值换给右下角元素
       * pmin= * (p+24);
       * (p+24)=temp;
   }
```

运行结果：

```
input matrix:
35 34 33 32 31
30 29 28 27 26
25 24 23 22 21
20 19 18 17 16
15 14 13 12 11
Now,matrix:
11 34 33 32 12
30 29 28 27 26
25 24 35 22 21
20 19 18 17 16
13 23 15 31 14
```

说明：程序中用 change 函数来实现题目所要求的元素值的交换，分为以下几个步骤：

① 找出全部元素中的最大值和最小值，将最大值与中心元素互换，将最小值与左上角元素互换。中心元素的地址为 p+12（该元素是数组中的第 12 个元素——序号从 0 算起）。

② 找出全部元素中的次小值。由于最小值已找到并放在 a[0][0]中，因此，在这一轮的比较中应不包括 a[0][0]，在其余 24 个元素中值最小的就是全部元素中的次小值。在双重 for 循环中应排除 a[0][0]参加比较。在 if 语句中，只有满足条件((p+5*i+j)!=p)才进行比较。不难理解，(p+5*i+j) 就是 &a[i][j]，p 的值是 &a[0][0]。((p+5*i+j)!=p)意味着在 i 和 j 的当前值条件下 &a[i][j]不等于 &a[0][0]才满足条件，这样就排除了 a[0][0]。因此执行双重 for 循环后得到次小值，并将它与右上角元素互换，右上角元素的地址为 p+4。

③ 找出全部元素中第 3 个最小值。此时 a[0][0]和 a[0][4]（即左上角和右上角元素）不应参加比较。可以看到：在 if 语句中规定，只有满足条件((p+5*i+j)!=p)&&((p+5*i+j)!=(p+4))才进行比较。((p+5*i+j)!=p)的作用是排除 a[0][0]，((p+5*i+j)!=(p+4))的作用是排除 a[0][4]。(p+5*i+j)是 &a[i][j]，(p+4)是 &a[0][4]，即右上角元素的地址。满足((p+5*i+j)!=(p+4))条件意味着排除了 a[0][4]。执行双重 for 循环后得到除了 a[0][0]和 a[0][4]外的最小值，也就是全部元素中第 3 个最小值，将它

与左下角元素互换,左下角元素的地址为 p+20。

④ 找出全部元素中第 4 个最小值。此时 a[0][0],a[0][4] 和 a[4][0](即左上角、右上角和左下角元素)不应参加比较,在 if 语句中规定,只有满足条件((p+5*i+j)!=p)&&((p+5*i+j)!=(p+4))&&((p+5*i+j)!=(p+20))才进行比较。((p+5*i+j)!=p)和((p+5*i+j)!=(p+4))的作用前已说明,((p+5*i+j)!=(p+20))的作用是排除 a[4][0],理由与前面介绍的类似。执行双重 for 循环后得到除了 a[0][0],a[0][4] 和 a[4][0] 以外的最小值,也就是全部元素中第 4 个最小值,将它与右下角元素互换,左下角元素的地址为 p+24。

上面所说的元素地址是指以元素为单位的地址,p+24 表示从指针 p 当前位置向前移动 24 个元素的位置。如果用字节地址表示,上面右下角元素的字节地址应为 p+4*24,其中 4 是整型数据所占的字节数。

（2）可以改写上面的 if 语句,change 函数可以改写如下:

```
void change(int * p)                //交换函数
 {int i,j,temp;
  int * pmax, * pmin;
  pmax=p;
  pmin=p;
  for (i=0;i<5;i++)                //找最大值和最小值的地址,并赋给 pmax,pmin
    for (j=i;j<5;j++)
    {if ( * pmax< * (p+5*i+j)) pmax=p+5*i+j;
     if ( * pmin> * (p+5*i+j)) pmin=p+5*i+j;
    }
  temp= * (p+12);                  //将最大值与中心元素互换
  * (p+12)= * pmax;
  * pmax=temp;

  temp= * p;                       //将最小值与左上角元素互换
  * p= * pmin;
  * pmin=temp;

  pmin=p+1;
                                   //将 a[0][1]的地址赋给 pmin,从该位置开始找最小的元素
  for (i=0;i<5;i++)                //找第二最小值的地址赋给 pmin
    for (j=0;j<5;j++)
    {if(i==0 && j==0) continue;
     if   ( * pmin> * (p+5*i+j)) pmin=p+5*i+j;
    }
  temp= * pmin;                    //将第二最小值与右上角元素互换
  * pmin= * (p+4);
  * (p+4)=temp;

  pmin=p+1;
  for (i=0;i<5;i++)                //找第三最小值的地址赋给 pmin
```

```
        for (j=0;j<5;j++)
          {if((i==0  && j==0) ||(i==0  && j==4)) continue;
            if( * pmin> * (p+5 * i+j)) pmin=p+5 * i+j;
          }
      temp= * pmin;                       //将第三最小值与左下角元素互换
      * pmin= * (p+20);
      * (p+20)=temp;

      pmin=p+1;
      for (i=0;i<5;i++)                   //找第四最小值的地址赋给 pmin
        for (j=0;j<5;j++)
          {if ((i==0  && j==0) ||(i==0  && j==4)||(i==4  && j==0)) continue;
            if ( * pmin> * (p+5 * i+j)) pmin=p+5 * i+j;
          }
      temp= * pmin;                       //将第四最小值与右下角元素互换
      * pmin= * (p+24);
      * (p+24)=temp;
    }
```

这种写法可能更容易为一般读者所理解。

11. 在主函数中输入 10 个等长的字符串。用另一函数对它们排序。然后在主函数输出这 10 个已排好序的字符串。

解：程序如下：

（1）用字符型二维数组

```
# include <stdio. h>
# include <string. h>
int main( )
{void sort(char s[ ][6]);
 int i;
 char str[10][6];                        //p 是指向由 6 个元素组成的一维数组的指针
 printf("input 10 strings:\n");
 for (i=0;i<10;i++)
   scanf("%s",str[i]);
 sort(str);
 printf("Now,the sequence is:\n");
 for (i=0;i<10;i++)
   printf("%s\n",str[i]);
 return 0;
}

void sort(char s[10][6])                 //形参 s 是指向由 6 个元素组成的一维数组的指针
{int i,j;
 char * p,temp[10];
 p=temp;
```

```
    for (i=0;i<9;i++)
      for (j=0;j<9-i;j++)
        if (strcmp(s[j],s[j+1])>0)
          {
            //以下 3 行是将 s[j]指向的一维数组的内容与 s[j+1]指向的一维数组的内容互换
            strcpy(p,s[j]);
            strcpy(s[j],s[+j+1]);
            strcpy(s[j+1],p);
          }
}
```

运行结果：

```
input 10 strings:
China
Japan
Korea
Egypt
Nepal
Burma
Ghana
Sudan
Italy
Libya
Now,the sequence is:
Burma
China
Egypt
Ghana
Italy
Japan
Korea
Libya
Nepal
Sudan
```

（2）用指向一维数组的指针作函数参数

```
# include <stdio. h>
# include <string. h>
int main( )
{void sort(char ( * p)[6]);
 int i;
 char str[10][6];
 char ( * p)[6];
 printf("input 10 strings:\n");
 for (i=0;i<10;i++)
   scanf("%s",str[i]);
 p=str;
 sort(p);
 printf("Now,the sequence is:\n");
 for (i=0;i<10;i++)
   printf("%s\n",str[i]);
 return 0;
}
```

```
void sort(char ( * s)[6])
{int i,j;
 char temp[6], * t=temp;
 for (i=0;i<9;i++)
    for (j=0;j<9-i;j++)
      if (strcmp(s[j],s[j+1])>0)
        {strcpy(t,s[j]);
          strcpy(s[j],s[+j+1]);
          strcpy(s[j+1],t);
        }
}
```

运行结果同(1)。

12. 用指针数组处理上一题目,字符串不等长。

解：程序如下：

```
# include <stdio. h>
# include <string. h>
int main( )
{void sort(char * [ ]);
 int i;
 char * p[10],str[10][20];
 for (i=0;i<10;i++)
    p[i]=str[i];                          //将第 i 个字符串的首地址赋予指针数组 p 的第 i 个元素
 printf("input 10 strings:\n");
 for (i=0;i<10;i++)
    scanf("%s",p[i]);
 sort(p);
 printf("Now,the sequence is:\n");
 for (i=0;i<10;i++)
    printf("%s\n",p[i]);
 return 0;
 }


void sort(char * s[ ])
{int i,j;
 char * temp;
 for (i=0;i<9;i++)
    for (j=0;j<9-i;j++)
      if (strcmp( * (s+j), * (s+j+1))>0)
        {temp= * (s+j);
          * (s+j)= * (s+j+1);
          * (s+j+1)=temp;
        }
}
```

运行结果：

```
input 10 strings:
China
Japan
Yemen
Pakistan
Mexico
Korea
Brazil
Iceland
Canada
Mongolia
Now,the sequence is:
Brazil
Canada
China
Iceland
Japan
Korea
Mexico
Mongolia
Pakistan
Yemen
```

13. 写一个用矩形法求定积分的通用函数，分别求 $\int_0^1 \sin x \, dx$、$\int_{-1}^1 \cos x \, dx$、$\int_0^2 e^x \, dx$。

说明：sin,cos,exp 已在系统的数学函数库中，程序开头要用 ♯include＜math. h＞。

解：可以看出，每次需要求定积分的函数是不一样的。可以编写一个求定积分的通用函数 integral，它有 3 个形参，即下限 a、上限 b 及指向函数的指针变量 fun。函数原型可写为

```
float integral(float a, float b, float( * fun)( ));
```

先后调用 integral 函数 3 次，每次调用时把 a,b,sin,cos,exp 之一作为实参，把上限、下限及有关函数的入口地址传送给形参 fun。在执行 integral 函数过程中求出定积分的值。根据以上思路编写出程序：

```
♯include＜stdio. h＞
♯include＜math. h＞
int main( )
{float integral(float( * )(float),float,float,int);     //对 integarl 函数的声明
float fsin(float);                                       //对 fsin 函数的声明
float fcos(float);                                       //对 fcos 函数的声明
float fexp(float);                                       //对 fexp 函数的声明
float a1,b1,a2,b2,a3,b3,c,( * p)(float);
int n＝20;
printf("input a1,b1:");
scanf("%f,%f",&a1,&b1);                                  //输入求 sin(x) 定积分的下限和上限
printf("input a2,b2:");
scanf("%f,%f",&a2,&b2);                                  //输入求 cos(x) 定积分的下限和上限
printf("input a3,b3:");
scanf("%f,%f",&a3,&b3);                                  //输入求 e 的 x 次方的定积分的下限和上限
p＝fsin;                                                  //使 p 指向 fsin 函数
c＝integral(p,a1,b1,n);                                   //求出 sin(x) 的定积分
```

```
    printf("The integral of sin(x) is:%f\n",c);
    p=fcos;                                    //使 p 指向 fcos 函数
    c=integral(p,a2,b2,n);                     //求出 cos(x) 的定积分
    printf("The integral of cos(x) is:%f\n",c);
    p=fexp;                                    //使 p 指向 fexp 函数
    c=integral(p,a3,b3,n);                     //求出 e 的 x 次方的定积分
    printf("The integral of exp(x) is:%f\n",c);
    return 0;
}
        //下面是用矩形法求定积分的通用函数
float integral(float(*p)(float),float a,float b,int n)
{int i;
 float x,h,s;
 h=(b-a)/n;
 x=a;
 s=0;
 for(i=1;i<=n;i++)
  {x=x+h;
   s=s+(*p)(x)*h;
  }
  return(s);
}
float fsin(float x)                            //计算 sin(x) 的函数
  {return sin(x);}

float fcos(float x)                            //计算 cos(x) 的函数
  {return cos(x);}

float fexp(float x)                            //计算 e 的 x 次方的函数
{return exp(x);}
```

运行结果：

```
input a1,b1:0,1
input a2,b2:-1,1
input a3,b3:0,2
The integral of sin(x) is:0.480639
The integral of cos(x) is:1.681539
The integral of exp(x) is:6.713833
```

说明：sin,cos 和 exp 是系统提供的数学函数,在程序中定义 3 个函数,即 fsin,fcos 和 fexp。分别用来计算 sin(x),cos(x) 和 exp(x) 的值。在 main 函数中要对这 3 个函数作声明。在 main 函数定义中 p 为指向函数的指针变量,定义形式是"float(*p)(float)",表示 p 指向的函数有一个实型形参,p 指向返回值为实型的函数。在 main 函数中有"p=fsin;",表示将 fsin 函数的入口地址传赋给 p,在调用 integral 函数时,用 p 作为实参,把 fsin 函数的入口地址传递给形参 p(相当于 fsin(x))。fsin(x) 的值就是 sin(x) 的值。因此通过调用 integral 函数求出 sin(x) 的定积分。求其余两个函数的定积分的情况与此类似。

14. 将 n 个数按输入时顺序的逆序排列，用函数实现。

解：程序如下：

```c
#include <stdio.h>
int main()
{void sort(char *p,int m);
 int i,n;
 char *p,num[20];
 printf("input n:");
 scanf("%d",&n);
 printf("please input these numbers:\n");
 for (i=0;i<n;i++)
   scanf("%d",&num[i]);
 p=&num[0];
 sort(p,n);
 printf("Now,the sequence is:\n");
 for (i=0;i<n;i++)
    printf("%d ",num[i]);
 printf("\n");
 return 0;
}

void sort(char *p,int m)          //将 n 个数逆序排列函数
{int i;
 char temp,*p1,*p2;
 for (i=0;i<m/2;i++)
  {p1=p+i;
   p2=p+(m-1-i);
   temp=*p1;
   *p1=*p2;
   *p2=temp;
  }
}
```

运行结果：

```
input n:10
please input these numbers:
10 9 8 7 6 5 4 3 2 1
Now,the sequence is:
1 2 3 4 5 6 7 8 9 10
```

15. 有一个班 4 个学生，5 门课程。①求第 1 门课程的平均分；②找出有两门以上课程不及格的学生，输出他们的学号和全部课程成绩及平均成绩；③找出平均成绩在 90 分以上或全部课程成绩在 85 分以上的学生。分别编 3 个函数实现以上 3 个要求。

解：程序如下：

```c
#include <stdio.h>
```

```
int main( )
{void avsco(float * ,float * );                                         //函数声明
 void avcour1(char ( * )[10],float * );                                 //函数声明
 void fali2(char course[5][10],int num[ ],float * pscore,float aver[4]); //函数声明
 void good(char course[5][10],int num[4],float * pscore,float aver[4]);  //函数声明
 int i,j, * pnum,num[4];
 float score[4][5],aver[4], * pscore, * paver;
 char course[5][10],( * pcourse)[10];
 printf("input course:\n");
 pcourse=course;
 for (i=0;i<5;i++)
    scanf("%s",course[i]);
 printf("input NO. and scores:\n");
 printf("NO.");
 for (i=0;i<5;i++)
    printf(",%s",course[i]);
 printf("\n");
 pscore=&score[0][0];
 pnum=&num[0];
 for (i=0;i<4;i++)
   {scanf("%d",pnum+i);
    for (j=0;j<5;j++)
      scanf("%f",pscore+5 * i+j);
   }
 paver=&aver[0];
 printf("\n\n");
 avsco(pscore,paver);                                                   //求出每个学生的平均成绩
 avcour1(pcourse,pscore);                                               //求出第1门课的平均成绩
 printf("\n\n");
 fali2(pcourse,pnum,pscore,paver);                                      //找出两门课不及格的学生
 printf("\n\n");
 good(pcourse,pnum,pscore,paver);                                       //找出成绩好的学生
 return 0;
}

void avsco(float * pscore,float * paver)                                //求每个学生的平均成绩的函数
 {int i,j;
  float sum,average;
  for (i=0;i<4;i++)
   {sum=0.0;
    for (j=0;j<5;j++)
      sum=sum+( * (pscore+5 * i+j));                                    //累计每个学生的各科成绩
    average=sum/5;                                                      //计算平均成绩
    * (paver+i)=average;
   }
```

```
}

void avcour1(char ( * pcourse)[10],float  * pscore)          //求第 1 课程的平均成绩的函数
 {int i;
  float sum,average1;
  sum=0.0;
  for (i=0;i<4;i++)
    sum=sum+( * (pscore+5 * i));                             //累计每个学生的得分
  average1=sum/4;                                            //计算平均成绩
  printf("course 1:%s average score:%7.2f\n", * pcourse,average1);
}


//找两门以上课程不及格的学生的函数
void fali2(char course[5][10],int num[ ],float  * pscore,float aver[4])
  {int i,j,k,label;
  printf("          ==========Student who is fail in two courses======   \n");
  printf("NO. ");
  for (i=0;i<5;i++)
    printf("%11s",course[i]);
  printf("      average\n");
  for (i=0;i<4;i++)
  {label=0;
   for (j=0;j<5;j++)
     if ( * (pscore+5 * i+j)<60.0) label++;
   if (label>=2)
    {printf("%d",num[i]);
     for (k=0;k<5;k++)
       printf("%11.2f", * (pscore+5 * i+k));
     printf("%11.2f\n",aver[i]);
    }
  }
}


         //找成绩优秀学生(各门 85 分以上或平均 90 分以上)的函数
void good(char course[5][10],int num[4],float  * pscore,float aver[4])
   {int i,j,k,n;
   printf("          ======Students whose score is good======\n");
   printf("NO. ");
   for (i=0;i<5;i++)
     printf("%11s",course[i]);
   printf("      average\n");
   for (i=0;i<4;i++)
    {n=0;
     for (j=0;j<5;j++)
       if ( * (pscore+5 * i+j)>85.0) n++;
```

```
    if ((n==5)||(aver[i]>=90))
      {printf("%d",num[i]);
      for (k=0;k<5;k++)
        printf("%11.2f", * (pscore+5 * i+k));
      printf("%11.2f\n",aver[i]);
      }
  }
}
```

运行结果：

```
input course:
English
Computer
Math
Physics
Chemistry
input NO. and scores:
NO.,English,Computer,Math,Physics,Chemistry
101 34 56 88 99 89
102 27 88 99 67 78
103 99 90 87 86 89
104 78 89 99 56 77


course 1:English average score:  59.50


          ==========Student who is fail in two courses=======
NO.       English   Computer      Math   Physics  Chemistry    average
101         34.00      56.00     88.00     99.00      89.00      73.20

          ======Students whose score is good======
NO.       English   Computer      Math   Physics  Chemistry    average
103         99.00      90.00     87.00     86.00      89.00      90.20
```

程序中 num 是存放 4 个学生学号的一维数组,course 是存放 5 门课名称的二维字符数组,score 是存放 4 个学生 5 门课成绩的二维数组,aver 是存放每个学生平均成绩的数组。pnum 是指向 num 数组的指针变量,pcou 是指向 course 数组的指针变量,psco 是指向 score数组的指针变量,pave 是指向 aver 数组的指针变量,见图 8.3。

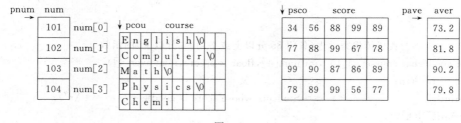

图 8.3

函数的形参用数组,调用函数时的实参用指针变量。形参也可以不用数组而用指针变量,请读者自己分析。

16. 输入一个字符串,内有数字和非数字字符,例如:

A123x456 17960? 302tab5876

将其中连续的数字作为一个整数,依次存放到一数组 a 中。例如,123 放在 a[0],456 放在

a[1]……统计共有多少个整数，并输出这些数。

解：程序如下：

```c
#include <stdio.h>
int main()
{
 char str[50], * pstr;
 int i,j,k,m,e10,digit,ndigit,a[10], * pa;
 printf("input a string:\n");
 gets(str);
 pstr=&str[0];                                      //字符指针 pstr 置于数组 str 首地址
 pa=&a[0];                                          //指针 pa 置于 a 数组首地址
 ndigit=0;                                          //ndigit 代表有多少个整数
 i=0;                                               //代表字符串中的第几个字符
 j=0;
 while( * (pstr+i)!='\0')
     {if(( * (pstr+i)>='0') && ( * (pstr+i)<='9'))
       j++;
      else
        {if (j>0)
          {digit= * (pstr+i-1)-48;                  //将个数位赋予 digit
           k=1;
           while (k<j)                              //将含有两位以上数的其他位的数值累加于 digit
             {e10=1;
              for (m=1;m<=k;m++)
                e10=e10 * 10;                       //e10 代表该位数所应乘的因子
              digit=digit+( * (pstr+i-1-k)-48) * e10; //将该位数的数值\累加于 digit
              k++;                                  //位数 k 自增
              }
           * pa=digit;                              //将数值赋予数组 a
           ndigit++;
           pa++;                                    //指针 pa 指向 a 数组下一元素
           j=0;
          }
         }
      i++;
     }
 if (j>0)                                           //以数字结尾字符串的最后一个数据
   {digit= * (pstr+i-1)-48;                         //将个数位赋予 digit
    k=1;
    while (k<j)                                     //将含有两位以上数的其他位的数值累加于 digit
     {e10=1;
      for (m=1;m<=k;m++)
        e10=e10 * 10;                               //e10 代表位数所应乘的因子
      digit=digit+( * (pstr+i-1-k)-48) * e10;       //将该位数的数值累加于 digit
```

```
      k++;                                                  //位数 k 自增
      }
     * pa＝digit;                                            //将数值赋予数组 a
    ndigit++;
    j＝0;
    }
  printf("There are %d numbers in this line, they are:\n",ndigit);
  j＝0;
  pa＝&a[0];
  for (j＝0;j<ndigit;j++)                                   //输出打印数据
    printf("%d ",*(pa+j));
  printf("\n");
  return 0;
}
```

运行结果：

```
input a string:
a123x456 7689+89=321/ab23
There are 6 numbers in this line, they are:
123 456 7689 89 321 23
```

17. 编写一函数,实现两个字符串的比较。即自己写一个 strcmp 函数,函数原型为

strcmp(char * p1,char * p2)

设 p1 指向字符串 s1,p2 指向字符串 s2。要求当 s1＝s2 时,返回值为 0;若 s1≠s2,返回它们二者第 1 个不同字符的 ASCII 码差值(如"BOY"与"BAD",第 2 个字母不同,"O"与"A"之差为 79－65＝14);如果 s1>s2,则输出正值;如果 s1<s2,则输出负值。

解：程序如下：

```
#include<stdio.h>
int main( )
{int m;
 char str1[20],str2[20],* p1,* p2;
 printf("input two strings:\n");
 scanf("%s",str1);
 scanf("%s",str2);
 p1＝&str1[0];
 p2＝&str2[0];
 m＝strcmp(p1,p2);
 printf("result:%d,\n",m);
 return 0;
}

strcmp(char * p1,char * p2)                                //两个字符串比较函数
{int i;
 i＝0;
 while(*(p1+i)＝＝*(p2+i))
```

```
    if ( * (p1+i++) == '\0') return(0);                          //相等时返回结果 0
  return( * (p1+i) - * (p2+i));            / * 不等时返回结果为第一个不等字符 ASCII 码的差值 * /
}
```

运行结果：

①：

```
input two strings:
CHINA
Chen
result:-32,
```

②：

```
input two strings:
hello!
hello!
result:0,
```

18. 编一程序,输入月份号,输出该月的英文月名。例如,输入"3",则输出"March",要求用指针数组处理。

解：程序如下：

```
# include <stdio. h>
int main( )
{char * month_name[13]={"illegal month","January","February","March","April", "May","June",
        "July","August","September","October", "November","December"};
int n;
printf("input month:\n");
scanf("%d",&n);
if ((n<=12) && (n>=1))
    printf("It is %s. \n", * (month_name+n));
else
    printf("It is wrong. \n");
return 0;
}
```

运行结果：

①：

```
input month:
2
It is February.
```

②：

```
input month:
8
It is August.
```

③：

```
input month:
13
It is wrong.
```

19. (1) 编写一个函数 new,对 n 个字符开辟连续的存储空间,此函数应返回一个指针(地址),指向字符串开始的空间。new(n)表示分配 n 个字节的内存空间,见图 8.4。

(2) 写一函数 free,将前面用 new 函数占用的空间释放。free(p)表示将 p(地址)指向的单元以后的内存段释放。

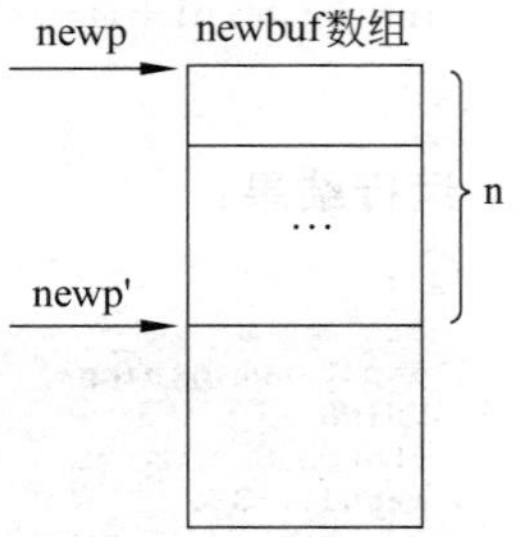

图　8.4

解:(1) 编写函数 new

程序如下:

```
# include <stdio. h>
# define NEWSIZE 1000          //指定开辟存储区的最大容量
char newbuf[NEWSIZE];          //定义字符数组 newbuf
char * newp=newbuf;            //定义指针变量 newp,指向可存储区的始端

char * new(int n)              //定义开辟存储区的函数 new,开辟存储区后返回指针
  {if (newp+n<=newbuf+NEWSIZE)    //开辟区未超过 newbuf 数组的大小
    {newp+=n;                  //newp 指向存储区的末尾
     return(newp-n);           //返回一个指针,它指向存储区的开始位置
    }
   else
     return(NULL);             //当存储区不够分配时,返回一个空指针
  }
```

new 函数的作用是:分配 n 个连续字符的存储空间。为此,应先开辟一个足够大的连续存储区,今设置字符数组 newbuf[1000],new 函数将在此范围内进行操作。指针变量 newp 开始指向存储区首字节。在每当请求用 new 函数开辟 n 个字符的存储区时,要先检查一下 newbuf 数组是否还有足够的可用空间。若有,则使指针变量 newp 指向开辟区的末尾(newp=newp+n),见图 8.4 中的 newp。此时 newp 指向下面的空白(未分配)的区域的开头,即 newp 的值是下一次可用空间的开始地址。如果再一次调用 new 函数,就从 newp 最后所指向的字节开始分配下一个开辟区。如果若存储区不够分配,则返回 NULL,表示开辟失败。

new 返回一个指向字符型数据的指针,指向新开辟的区域的首字节。

在主函数中可以用以下语句:

```
pt=new(n);
```

把新开辟的区域首字节的地址赋给 pt,使指针变量 pt 也指向新开辟的区域的开头。

(2) 编写函数 free

free 的作用是使 newp 的值恢复为 p。

free 函数如下:

```
# include <stdio. h>
# define NEWSIZE 1000
char newbuf[NEWSIZE];
char * newp=newbuf;
```

```
void free(char * p)                          //释放存区函数
  {if (p>=newbuf && p<newbuf+NEWSIZE)
     newp=p;
  }
```

在主函数中用以下语句指令释放 pt 指向的存储区。

```
free(pt);
```

调用 free 时,实参 pt 的值传给形参 p,因此 p 的值也是新开辟的区域首字节的地址。用 if 语句检查 p 是否在已开辟区的范围内(否则不合法,不能释放未分配的区域)。如果确认 p 在上述范围内,就把 p(即 pt)的值赋给 newp,使 newp 重新指向原来开辟区的开头,这样,下次再开辟新区域时就又从 newp 指向的字节开始分配,这就相当于释放了此段空间,使这段空间可再分配作其他用途。

有人可能对 if 语句所检查的条件"p>=newbuf && p< newbuf + NEWSIZE"不理解,为什么不直接检查"p==newbuf"呢? 他们认为 p 应当指向 newbuf 的开头。这里有个细节要考虑:当第 1 次调用 new 函数开辟存储区时,new 函数的返回值(也是 pt 的值)的确是 newbuf。但是如果接着再开辟第 2 个存储区,new 函数的返回值(也是 pt 的值)就不是 newbuf 了,而是指针变量 newp 的当前值,即 newbuf+n 了。因此,调用 free 函数时,形参 p 得到的值也是第 2 个存储区的起始地址。要释放的是第 2 个存储区,而不是第 1 个存储区。但 p 的值必然在"newbuf 到 newbuf+NEWSIZE"的范围内。

上面只是编写了两个函数,并不是完整的程序,它没有 main 函数。本题是示意性的,可以大体了解开辟存储区的思路。

20. 用指向指针的指针的方法对 5 个字符串排序并输出。

解:程序如下:

```
#include <stdio. h>
#include <string. h>
#define LINEMAX 20                 //定义字符串的最大长度
int main( )
{void sort(char **p);
 int i;
 char **p,* pstr[5],str[5][LINEMAX];
 for (i=0;i<5;i++)
   pstr[i]=str[i];            //将第 i 个字符串的首地址赋予指针数组 pstr 的第 i 个元素
 printf("input 5 strings:\n");
 for (i=0;i<5;i++)
     scanf("%s",pstr[i]);
 p=pstr;
 sort(p);
 printf("\nstrings sorted:\n");
 for (i=0;i<5;i++)
     printf("%s\n",pstr[i]);
 return 0;
}
```

```
    void sort(char **p)                              //用冒泡法对 5 个字符串排序函数
    {int i,j;
     char  * temp;
     for (i=0;i<5;i++)
       {for (j=i+1;j<5;j++)
         {if (strcmp( * (p+i), * (p+j))>0)            //比较后交换字符串地址
           {temp= * (p+i);
            * (p+i)= * (p+j);
            * (p+j)=temp;
           }
         }
       }
    }
```

运行结果：

```
input 5 strings:
China
America
India
Philippines
Canada

strings sorted:
America
Canada
China
India
Philippines
```

21. 用指向指针的指针的方法对 n 个整数排序并输出。要求将排序单独写成一个函数。n 个整数在主函数中输入，最后在主函数中输出。

解：程序如下：

```
# include<stdio. h>
int main( )
{void sort(int **p,int n);
 int i,n,data[20],**p, * pstr[20];
 printf("input n:\n");
 scanf("%d",&n);
 for (i=0;i<n;i++)
   pstr[i]=&data[i];                    //将第 i 个整数的地址赋予指针数组 pstr 的第 i 个元素
 printf("input %d integer numbers:",n);
 for (i=0;i<n;i++)
   scanf("%d",pstr[i]);
 p=pstr;
 sort(p,n);
 printf("Now,the sequence is:\n");
 for (i=0;i<n;i++)
   printf("%d   ", * pstr[i]);
```

```
    printf("\n");
    return 0;
}


void sort(int **p,int n)
{int i,j, * temp;
 for (i=0;i<n-1;i++)
  {for (j=i+1;j<n;j++)
    {if (**(p+i)>**(p+j))          //比较后交换整数地址
      {temp= * (p+i);
       * (p+i)= * (p+j);
       * (p+j)=temp;
      }
    }
  }
}
```

运行结果:

```
input n:
7
input 7 integer numbers:34 98 56 12 22 65 1
Now,the sequence is:
1  12  22  34  56  65  98
```

data 数组用来存放 n 个整数,pstr 是指针数组,每一个元素指向 data 数组中的一个元素,p 是指向指针的指针,请参考图 8.5。图 8.5(a)表示的是排序前的情况,图 8.5(b)表示的是排序后的情况。可以看到 data 数组中的数,次序没有变化,而 pstr 指针数组中的各元素的值(也就是它们的指向)改变了。

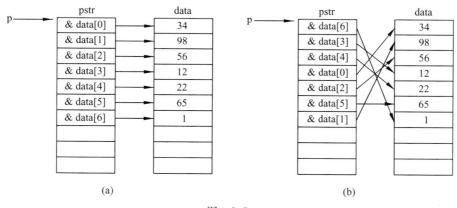

图 8.5

第9章 用户自己建立数据类型

本章的重点是结构体类型数据,在管理领域(例如学生数据管理、员工数据管理、物资数据管理等)中常常需要根据实际情况,自己定义结构体类型数据。希望读者熟悉它的用法。

结构体类型数据的一个重要用途是处理链表。在《C程序设计(第四版)》中介绍了有关链表的初步知识。基础较好的读者可在此基础上进一步学习处理链表的方法。本章习题第9~14题介绍了有关程序的算法和编程方法,作为教材的补充,希望有基础的读者能看懂它们。

1. 定义一个结构体变量(包括年、月、日)。计算该日在本年中是第几天,注意闰年问题。

解: 解题思路如下:正常年份每个月中的天数是已知的,只要给出日期,算出该日在本年中是第几天是不困难的。如果是闰年且月份在3月或3月以后时,应再增加1天。闰年的规则是:年份能被4或400整除但不能被100整除,如2000,2004,2008年是闰年,2100,2005不是闰年。

解法一:

```
# include <stdio. h>
struct
    {int year;
     int month;
     int day;
    }date;                                    //结构体变量date中的成员对应于年、月、日
int main()
    {int days;                               //days为天数
    printf("input year,month,day:");
    scanf("%d,%d,%d",&date. year,&date. month,&date. day);
    switch(date. month)
    {case 1: days=date. day;          break;
     case 2: days=date. day+31;       break;
     case 3: days=date. day+59;       break;
     case 4: days=date. day+90;       break;
     case 5: days=date. day+120; break;
     case 6: days=date. day+151; break;
     case 7: days=date. day+181; break;
     case 8: days=date. day+212; break;
     case 9: days=date. day+243; break;
     case 10: days=date. day+273;break;
     case 11: days=date. day+304;break;
     case 12: days=date. day+334;break;
```

```
        }
    if((date. year%4==0 && date. year%100!=0
        ||date. year % 400==0) && date. month>=3)        days+=1;
    printf("%d/%d is the %dth day in %d. \n",date. month,date. day,days,date. year);
    return 0;
    }
```

运行结果：

2008 年 8 月 8 日是 2008 年中的第 221 天。

解法二：

```
# include <stdio. h>
struct
    {int year;
     int month;
     int day;
    }date;
int main()
    {int i,days;
    int day_tab[13]={0,31,28,31,30,31,30,31,31,30,31,30,31};
    printf("input year,month,day:");
    scanf("%d,%d,%d",&.date. year,&date. month,&date. day);
    days=0;
    for(i=1;i<date. month;i++)
        days=days+day_tab[i];
    days=days+date. day;
    if((date. year%4==0 && date. year%100!=0||date. year%400==0)&& date. month>=3)
        days=days+1;
    printf("%d/%d is the %dth day in %d. \n",date. month,date. day,days,date. year);
    return 0;
    }
```

运行结果：

2. 写一个函数 days，实现第 1 题的计算。由主函数将年、月、日传递给 days 函数，计算后将日子数传回主函数输出。

解：函数 days 的程序结构与第 1 题基本相同。

解法一：

```
# include<stdio. h>
struct y_m_d
    {int year;
```

```
            int month;
            int day;
        }date;
    int main()
        {int days(struct y_m_d date1);              //定义 date1 为结构体变量,类型为 struct y_m_d
         printf("input year,month,day:");
         scanf("%d,%d,%d",&date.year,&date.month,&date.day);
         printf("%d/%d is the %dth day in %d.\n",date.month,date.day,days(date),date.year);
        }

    int days(struct y_m_d date1)                     //形参 date1 为 struct y_m_d 类型
        {int sum;
         switch(date1.month)
            {case 1:  sum=date1.day;          break;
             case 2:  sum=date1.day+31;       break;
             case 3:  sum=date1.day+59;       break;
             case 4:  sum=date1.day+90;       break;
             case 5:  sum=date1.day+120;      break;
             case 6:  sum=date1.day+151;      break;
             case 7:  sum=date1.day+181;      break;
             case 8:  sum=date1.day+212;      break;
             case 9:  sum=date1.day+243;      break;
             case 10: sum=date1.day+273;break;
             case 11: sum=date1.day+304;break;
             case 12: sum=date1.day+334;break;
            }
         if((date1.year%4==0 && date1.year%100!=0||date1.year%400==0) && date1.
            month>=3)    sum+=1;
         return(sum);
        }
```

运行结果:

```
input year,month,day:2007,11,1
11/1 is the 305th day in 2007.
```

在本程序中,days 函数的参数为结构体 struct y_m_d 类型,在主函数的第 2 个 printf 语句的输出项中有一项为 days(date),调用 days 函数,实参为结构体变量 date。通过虚实结合,将实参 date 中各成员的值传递给形参 date1 中各相应成员。在 days 函数中检验其中 month 的值,根据它的值计算出天数 sum,将 sum 的值返回主函数输出。

解法二:

```
#include<stdio.h>
struct y_m_d
    {int year;
     int month;
     int day;
```

```
        }date;
int main()
    {int days(int year,int month,int day);
     int days(int,int,int);
     int day_sum;
     printf("input year,month,day:");
     scanf("%d,%d,%d",&date.year,&date.month,&date.day);
     day_sum=days(date.year,date.month,date.day);
     printf("%d/%d is the %dth day in %d.\n",date.month,date.day,day_sum,date.year);
     return 0;
    }


int days(int year,int month,int day)
    {int day_sum,i;
     int day_tab[13]={0,31,28,31,30,31,30,31,31,30,31,30,31};
     day_sum=0;
     for(i=1;i<month;i++)
         day_sum+=day_tab[i];
     day_sum+=day;
     if((year%4==0 && year%100!=0||year%4==0) && month>=3)
         day_sum+=1;
     return(day_sum);
    }
```

运行结果：

```
input year,month,day:2009,12,25
12 / 25 is the 359th day in 2009.
```

3. 编写一个函数 print，输出一个学生的成绩数组，该数组中有 5 个学生的数据记录，每个记录包括 num，name，score[3]，用主函数输入这些记录，用 print 函数输出这些记录。

解：程序如下：

```
include <stdio.h>
# define N 5
struct student
    {char num[6];
     char name[8];
     int score[4];
    }stu[N];


int main()
    {void print(struct student stu[6]);
     int i,j;
     for(i=0;i<N;i++)
        {printf("\ninput score of student %d:\n",i+1);
         printf("NO. :");
         scanf("%s",stu[i].num);
```

```
            printf("name:");
            scanf("%s",stu[i].name);
            for (j=0;j<3;j++)
                {printf("score %d:",j+1);
                  scanf("%d",&stu[i].score[j]);
                }
            printf("\n");
        }
    print(stu);
    return 0;
}

void print(struct student stu[6])
    {int i,j;
    printf("\n NO.  name score1 score2 score3\n");
    for(i=0;i<N;i++)
        {printf("%5s%10s",stu[i].num,stu[i].name);
        for(j=0;j<3;j++)
            printf("%9d",stu[i].score[j]);
        printf("\n");
        }
    }
```

运行结果：

```
input score of student 1:
NO.: 101
name: Li
score 1:90
score 2:79
score 3:89


input score of student 2:
NO.: 102
name: Ma
score 1:97
score 2:90
score 3:68


input score of student 3:
NO.: 103
name: Wang
score 1:77
score 2:70
score 3:78


input score of student 4:
NO.: 104
name: Fun
score 1:67
score 2:89
score 3:56


input score of student 5:
NO.: 105
name: Xue
score 1:87
score 2:65
score 3:69
```

以上是输入数据。下面是输出结果：

```
NO.      name    score1   score2   score3
101       Li       90       79       89
102       Ma       97       90       68
103      Wang      77       70       78
104      Fun       67       89       56
105      Xue       87       65       69
```

4. 在第 3 题的基础上,编写一个函数 input,用来输入 5 个学生的数据记录。

解：input 函数的程序结构类似于第 3 题中主函数的相应部分。

程序如下：

```c
#include <stdio.h>
#define N 5
struct student
    {char num[6];
     char name[8];
     int score[4];
    } stu[N];

int main()
    {void input(struct student stu[]);
     void print(struct student stu[]);
     input(stu);
     print(stu);
     return 0;
    }

void input(struct student stu[])
    {int i,j;
    for(i=0;i<N;i++)
        {printf("input scores of student %d:\n",i+1);
         printf("NO. : ");
         canf("%s",stu[i].num);
         rintf("name: ");
         scanf("%s",stu[i].name);
         for(j=0;j<3;j++)
             {printf("score %d:",j+1);
              scanf("%d",&stu[i].score[j]);
             }
         printf("\n");
        }
    }

void print(struct student stu[6])
    {int i,j;
    printf("\n NO.  name score1 score2 score3\n");
    for (i=0;i<N;i++)
        {printf("%5s%10s",stu[i].num,stu[i].name);
```

```
    for(j=0;j<3;j++)
        printf("%9d",stu[i].score[j]);
    printf("\n");
    }
}
```

运行情况与第 3 题相同。

5. 有 10 个学生,每个学生的数据包括学号、姓名、3 门课程的成绩,从键盘输入 10 个学生数据,要求输出 3 门课程总平均成绩,以及最高分的学生的数据(包括学号、姓名、3 门课程成绩、平均分数)。

解:N-S 图见图 9.1。

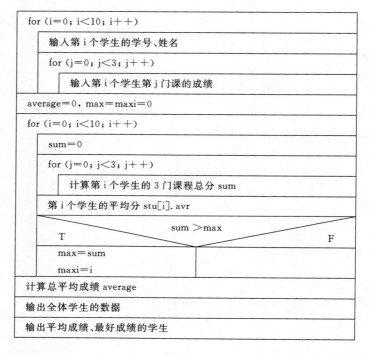

图   9.1

程序如下:

```
# include <stdio.h>
# define N 10
struct student
    {char num[6];
    char name[8];
    float score[3];
    float avr;
    }stu[N];
int main()
    {int i,j,maxi;
    float sum,max,average;
```

```
    //输入数据
for(i=0;i<N;i++)
   {printf("input scores of student %d:\n",i+1);
    printf("NO. :");
    scanf("%s",stu[i].num);
    printf("name:");
    scanf("%s",stu[i].name);
    for (j=0;j<3;j++)
      {printf("score %d:",j+1);
       scanf("%f",&stu[i].score[j]);
      }
   }
    //计算
   average=0;
   max=0;
   maxi=0;
   for(i=0;i<N;i++)
     {sum=0;
      for(j=0;j<3;j++)
        sum+=stu[i].score[j];              //计算第 i 个学生总分
      stu[i].avr=sum/3.0;                  //计算第 i 个学生平均分
      average+=stu[i].avr;
      if(sum>max)                          //找分数最高者
        {max=sum;
         maxi=i;                           //将此学生的下标保存在 maxi
        }
     }
   average/=N;                             //计算总平均分数
   //输出
   printf("NO. name score1 score2 score3 average\n");
   for (i=0;i<N;i++)
     {printf("%5s%10s",stu[i].num,stu[i].name);
      for (j=0;j<3;j++)
        printf("%9.2f",stu[i].score[j]);
        printf("%8.2f\n",stu[i].avr);
     }
   printf("average=%5.2f\n",average);
   printf("The highest score is : student %s,%s\n",stu[maxi].num,stu[maxi].name);
   printf("his scores are:%6.2f,%6.2f,%6.2f,average:%5.2f.\n",
         stu[maxi].score[0],stu[maxi].score[1],stu[maxi].score[2],stu[maxi].avr);
   return 0;
  }
```

变量说明：max 为当前最好成绩；maxi 为当前最好成绩所对应的下标序号；sum 为第 i 个学生的总成绩。

运行结果：

```
input scores of student 1:
NO.:101
name:Wang
score 1:93
score 2:89
score 3:87
input scores of student 2:
NO.:102
name:Li
score 1:85
score 2:80
score 3:78
input scores of student 3:
NO.:103
name:Zhao
score 1:65
score 2:70
score 3:59
input scores of student 4:
NO.:104
name:Ma
score 1:77
score 2:70
score 3:83
input scores of student 5:
NO.:105
name:Han
score 1:70
score 2:67
score 3:60
input scores of student 6:
NO.:106
name:Zhang
score 1:99
score 2:97
score 3:95
```

```
input scores of student 7:
NO.:107
name:Zhou
score 1:88
score 2:89
score 3:88
input scores of student 8:
NO.:108
name:Chen
score 1:87
score 2:88
score 3:85
input scores of student 9:
NO.:109
name:Yang
score 1:72
score 2:70
score 3:69
input scores of student 10:
NO.:110
name:Liu
score 1:78
score 2:80
score 3:83
```

NO.	name	score1	score2	score3	average
101	Wang	93.00	89.00	87.00	89.67
102	Li	85.00	80.00	78.00	81.00
103	Zhao	65.00	70.00	59.00	64.67
104	Ma	77.00	70.00	83.00	76.67
105	Han	70.00	67.00	60.00	65.67
106	Zhang	99.00	97.00	95.00	97.00
107	Zhou	88.00	89.00	88.00	88.33
108	Chen	87.00	88.00	85.00	86.67
109	Yang	72.00	70.00	69.00	70.33
110	Liu	78.00	80.00	83.00	80.33

```
average=80.03
The highest score is : student 106,Zhang
his scores are: 99.00, 97.00, 95.00,average:97.00.
```

6. 13 个人围成一圈，从第 1 个人开始顺序报号 1,2,3。凡报到 3 者退出圈子。找出最后留在圈子中的人原来的序号。要求用链表处理。

解：N-S 图见图 9.2。

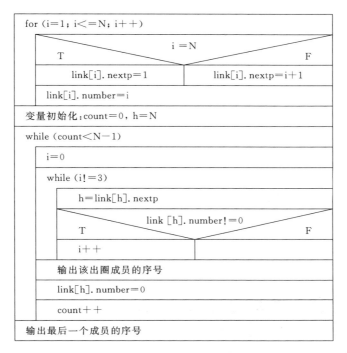

图 9.2

程序如下：

```c
#include<stdio.h>
#define N 13
struct person
  {int number;
   int nextp;
  }link[N+1];

int main()
  {int i,count,h;
    for(i=1;i<=N;i++)
      {if(i==N)
          link[i].nextp=1;
        else
          link[i].nextp=i+1;
          link[i].number=i;
      }
    printf("\n");
    count=0;
    h=N;
```

```
printf("sequence that persons leave the circle:\n");
while(count<N-1)
  {i=0;
   while(i!=3)
      {h=link[h].nextp;
       if(link[h].number)
       i++;
      }
    printf("%4d",link[h].number);
    link[h].number=0;
    count++;
  }
printf("\nThe last one is");
for(i=1;i<=N;i++)
  if(link[i].number)
      printf("%3d",link[i].number);
printf("\n");
return 0;
}
```

运行结果：

```
sequence that persons leave the circle:
   3   6   9  12   2   7  11   4  10   5   1   8
The last one is  13
```

7. 在教材第 9 章例 9.9 和例 9.10 的基础上，写一个函数 del，用来删除动态链表中指定的结点。

解：题目要求对一个链表，删除其中某个结点。怎样考虑此问题的算法呢？先打个比方：一队小孩（A，B，C，D，E）手拉手，如果某一小孩（C）想离队有事，而队形仍保持不变。只要将 C 的手从两边脱开，B 改为与 D 拉手即可，见图 9.3。图 9.3(a)是原来的队伍，图 9.3(b)是 C 离队后的队伍。

(a)   (b)

图　9.3

与此相仿，从一个动态链表中删去一个结点，并不是真正从内存中把它抹掉，而是把它从链表中分离开来，只要撤销原来的链接关系即可。

如果想从已建立的动态链表中删除指定的结点，可以指定学号作为删除结点的标志。例如，输入 10103 表示要求删除学号为 10103 的结点。解题的思路是这样的：从 p 指向的第 1 个结点开始，检查该结点中的 num 的值是否等于输入的要求删除的那个学号。如果相等就将该结点删除，如不相等，就将 p 后移一个结点，再如此进行下去，直到遇到表尾为止。

可以设两个指针变量 p1 和 p2，先使 p1 指向第 1 个结点（图 9.4(a)。如果要删除的不是第 1 个结点，则使 p1 后指向下一个结点（将 p1→next 赋给 p1)，在此之前应将 p1 的值赋给 p2，使 p2 指向刚才检查过的那个结点，见图 9.4(b)。如此一次一次地使 p 后移，直到

找到所要删除的结点或检查完全部链表都找不到要删除的结点为止。如果找到某一结点是要删除的结点,还要区分两种情况:

① 要删的是第 1 个结点(p1 的值等于 head 的值,如图 9.4(a)那样),则应将 p1－>next 赋给 head。见图 9.4(c)。这时 head 指向原来的第 2 个结点。第 1 个结点虽然仍存在,但它已与链表脱离,因为链表中没有一个结点或头指针指向它。虽然 p1 还指向它,它也指向第 2 个结点,但仍无济于事,现在链表的第 1 个结点是原来的第 2 个结点,原来第 1 个结点已"丢失",即不再是链表中的一部分了。

② 如果要删除的不是第 1 个结点,则将 p1－>next 给 p2－>next,见图 9.4(d)。p2－>next 原来指向 p1 指向的结点(图中第 2 个结点),现在 p2－>next 改为指向 p1－>next 所指向的结点(图中第 3 个结点)。p1 所指向的结点不再是链表的一部分。

还需要考虑链表是空表(无结点)和链表中找不到要删除的结点的情况。

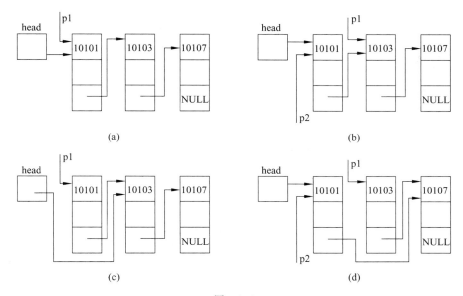

图　9.4

图 9.5 表示解此题的算法。

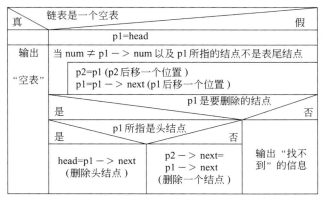

图　9.5

删除结点的函数 del 如下：

```
#include<stdio.h>
struct student
  {long num;
   float score;
   struct student * next;
  };
int n;

struct student * del(struct student * head,long num)
  {struct student * p1, * p2;
   if(head==NULL)                        //是空表
     {printf("\nlist null!\n");
      return(head);
     }
   p1=head;                              //使 p1 指向第 1 个结点
   while(num!=p1->num && p1->next!=NULL)
                                         //p1 指向的不是所要找的结点且后面还有结点
     {p2=p1;p1=p1->next;}                //p1 后移一个结点
   if(num==p1->num)                      //找到了
     {if(p1==head)head=p1->next;         //若 p1 指向的是首结点,把第 2 个结点地址赋予 head
      else p2->next=p1->next;            //否则将下一结点地址赋给前一结点地址
      printf("delete:%ld\n",num);
      n=n-1;
     }
   else printf("%ld not been found!\n",num);          //找不到该结点
   return(head);
  }
```

函数的类型是指向 student 类型数据的指针,它的值是链表的头指针。函数参数为 head 和要删除的学号 num。head 的值可能在函数执行过程中被改变(当删除第 1 个结点时)。

8. 写一个函数 insert,用来向一个动态链表插入结点。

解：对链表的插入是指将一个结点插入到一个已有的链表中。

若已建立了学生链表(如前面已进行的工作),结点是按其成员项 num(学号)的值由小到大顺序排列的。今要插入一个新生的结点,要求按学号的顺序插入。

为了能做到正确插入,必须解决两个问题：①怎样找到插入的位置；②怎样实现插入。

如果有一群小学生,按身高顺序(由低到高)手拉手排好队。现在来了一名新同学,要求按身高顺序插入队中。首先要确定插到什么位置。可以将新同学先与队中第 1 名小学生比身高,若新同学比第 1 名学生高,就使新同学后移一个位置,与第 2 名学生比,如果仍比第 2 名学生高,再往后移,与第 3 名学生比⋯⋯直到出现比第 i 名学生高、比第 i+1 名学生低的情况为止。显然,新同学的位置应该在第 i 名学生之后,在第 i+1 名学生之前。在确定了位置之后,让第 i 名学生与第 i+1 名学生的手脱开,然后让第 i 名学生的手去拉新同学的手,

让新同学另外一只手去拉第 i+1 名学生的手。这样就完成了插入,形成了新的队列。

　　根据这个思路来实现链表的插入操作。先用指针变量 p0 指向待插入的结点,p1 指向第 1 个结点。见图 9.6(a)。将 p0—>num 与 p1—>num 相比较,如果 p0—>num>p1—>num,则待插入的结点不应插在 p1 所指的结点之前。此时将 p1 后移,并使 p2 指向刚才 p1 所指的结点,见图 9.6(b)。再将 p1—>num 与 p0—>num 比。如果仍然是 p0—>num 大,则

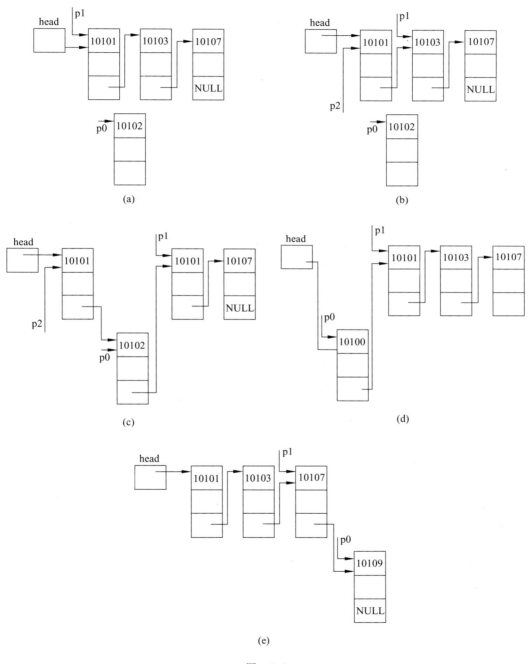

图　9.6

应使 p1 继续后移,直到 p0－＞num≤p1－＞num 为止。这时将 p0 所指的结点插到 p1 所指结点之前。但是如果 p1 所指的已是表尾结点,则 p1 就不应后移了。如果 p0－＞num 比所有结点的 num 都大,则应将 p0 所指的结点插到链表末尾。

如果插入的位置既不在第 1 个结点之前,又不在表尾结点之后,则将 p0 的值赋给 p2－＞next,使 p2－＞next 指向待插入的结点,然后将 p1 的值赋给 p0－＞next,使得 p0－＞next 指向 p1 指向的变量。见图 9.6(c),在第 1 个结点和第 2 个结点之间已插入了一个新的结点。

如果插入位置为第 1 个结点之前(即 p1 等于 head 时),则将 p0 赋给 head,将 p1 赋给 p0－＞next。见图 9.6(d)。如果要插到表尾之后,应将 p0 赋给 p1－＞next,NULL 赋给 p0－＞next,见图 9.6(e)。

可以写出插入结点的函数 insert 如下。

```
# include <stdio.h>
struct student
{long num;
 float score;
 struct student * next;
};
int n;

struct student * insert(struct student * head,struct student * stud)
{struct student * p0, * p1, * p2;
  p1=head;                                    //使 p1 指向第 1 个结点
  p0=stud;                                    //指向要插入的结点
  if(head==NULL)                              //原来的链表是空表
    {head=p0;
     p0->next=NULL;                           //使 p0 指向的结点作为头结点
    }
  else
    {while((p0->num>p1->num) && (p1->next!=NULL))
      {p2=p1;                                 //使 p2 指向刚才 p1 指向的结点
       p1=p1->next;                           //p1 后移一个结点
      }
      if(p0->num<=p1->num)
        {if(head==p1)
            head=p0;                          //插到原来第 1 个结点之前
          else
            p2->next=p0;                      //插到 p2 指向的结点之后
            p0->next=p1;
        }
      else
        {p1->next=p0;
         p0->next=NULL;                       //插到最后的结点之后
        }
```

```
        }
    n＝n+1;                                        //结点数加 1
    return（head）;
    }
```

函数参数是 head 和 stud。stud 也是一个指针变量,将待插入结点的地址从实参传给 stud。语句"p0＝stud;"的作用是使 p0 指向待插入的结点。

函数类型是指针类型,函数返回值是链表起始地址 head。

9. 综合教材第 9 章例 9.9(建立链表的函数 creat)、例 9.10(输出链表的函数 print)和习题第 7 题(删除链表中结点的函数 del)、习题第 8 题(插入结点的函数 insert),再编写一个主函数,先后调用这些函数。用以上 5 个函数组成一个程序,实现链表的建立、输出、删除和插入。在主函数中指定需要删除和插入的结点。

解:写一个主函数,调用以上 4 个函数 creat,print,del 和 insert。

主函数如下:

```
int main（）
{struct student creat（）;                          //函数声明
 struct student * del(student * ,long);            //函数声明
 struct student * insert(student * ,student * );   //函数声明
 void print(student * );                           //函数声明
 student * head,stu;
 long del_num;
 printf("input records:\n");
 head＝creat（）;                                   //建立链表并返回头指针
 print(head);                                      //输出全部结点
 printf("input the deleted number:");              //提示输入要删除的学号
 scanf("%ld",&del_num);                            //输入要删除的学号
 head＝del(head,del_num);                          //删除结点后返回链表的头地址
 print(head);                                      //输出全部结点
 printf("input the inserted record:");             //提示输入要插入的结点
 scanf("%ld,%f",&stu.num,&stu.score);              //输入要插入的结点的数据
 head＝insert(head,&stu);                          //插入结点并返回头地址
 print(head);                                      //输出全部结点
 return 0;
 }
```

把主函数和 creat,print,del 和 insert 函数再加上全局声明,组织成一个源程序如下:

```
# include ＜stdio. h＞
# include ＜malloc. h＞
# define LEN sizeof(struct student)
struct student
  {long num;
   float score;
   struct student * next;
  };
int n;
```

```c
//主函数
int main()
  {struct student * creat();
   struct student * del(struct student * ,long);
   struct student * insert(struct student * , struct student * );
   void print(struct student * );
   struct student * head,stu;
   long del_num;
   printf("input records:\n");
   head=creat();
   print(head);
   printf("input the deleted number:");
   scanf("%ld",&del_num);
   head=del(head,del_num);
   print(head);
   printf("input the inserted record:");
   scanf("%ld,%f",&stu.num,&stu.score);
   head=insert(head,&stu);
   print(head);
   return 0;
  }

//定义建立链表的 creat 函数
struct student * creat()
  {struct student * head;
   struct student * p1, * p2;
   n=0;
   p1=p2=(struct student * ) malloc(LEN);
   scanf("%ld,%f",&p1->num,&p1->score);
   head=NULL;
   while(p1->num!=0)
     {n=n+1;
      if(n==1)head=p1;
      else p2->next=p1;
      p2=p1;
      p1=(struct student * )malloc(LEN);
      scanf("%ld,%f",&p1->num,&p1->score);
     }
   p2->next=NULL;
   return(head);
  }

//定义删除结点的 del 函数
struct student * del(struct student * head,long num)
  {struct student * p1, * p2;
   if(head==NULL)
```

```
      {printf("\nlist null! \n");
       return(head);
      }
    p1=head;
    while(num!=p1->num && p1->next!=NULL)
       {p2=p1;p1=p1->next;}
    if(num==p1->num)
       {if(p1==head)head=p1->next;
        else p2->next=p1->next;
        printf("delete:%ld\n",num);
        n=n-1;
       }
    else printf("%ld not been found! \n",num);
    return(head);
  }


  //定义插入结点的 insert 函数
struct student * insert(struct student * head, struct student * stud)
  {struct student * p0, * p1, * p2;
    p1=head;
    p0=stud;
    if(head==NULL)
       {head=p0; p0->next=NULL;}
    else
       {while((p0->num>p1->num) && (p1->next!=NULL))
          {p2=p1;
           p1=p1->next;
          }
        if(p0->num<=p1->num)
          {if(head==p1) head=p0;
           else p2->next=p0;
           p0->next=p1;
          }
        else
          {p1->next=p0; p0->next=NULL;}
       }
    n=n+1;
    return(head);
  }


  //定义输出链表的 print 函数
void print(struct student * head)
  {struct student * p;
    printf("\nNow,These %d records are:\n",n);
    p=head;
    if(head!=NULL)
       do
```

```
    {printf("%ld %5.1f\n",p->num,p->score);
     p=p->next;
    }while(p!=NULL);
}
```

运行结果：

```
input records:
10101,90
10103,98
10105,87
0,0

Now,These 3 records are:
10101   90.0
10103   98.0
10105   87.0
input the deleted number:10103
delete:10103

Now,These 2 records are:
10101   90.0
10105   87.0
input the inserted record:10102,95

Now,These 3 records are:
10101   90.0
10102   95.0
10105   87.0
```

程序正常结束。

以上运行过程是这样的：先输入 3 个学生的数据，建立链表，然后程序输出链表中 3 个结点的数据。输入要删除的结点（学号为 10103），程序输出链表中还存在的两个结点的数据。再输入准备插入到链表中的学生数据，程序再输出链表中已有的 3 个结点的数据。

此程序运行结果无疑是正确的。但是它只删除一个结点和只插入一个结点。但如果想再插入一个结点，重复写上程序最后 4 行，共插入两个结点。即 main 函数改写为：

```
int main()
  {struct student * creat();
   struct student * del(struct student * ,long);
   struct student * insert(struct student * , struct student * );
   void print(struct student * );
   struct student * head,stu;
   long del_num;
   printf("input records:\n");
   head=creat();
   print(head);
   printf("input the deleted number:");
   scanf("%ld",&del_num);                       //输入要删除的学号
   head=del(head,del_num);                      //删除结点
   print(head);
   printf("input the inserted record:");
   scanf("%ld,%f",&stu.num,&stu.score);         //输入要插入的结点的数据
   head=insert(head,&stu);                      //插入结点
   print(head);                                 //输出全部结点
```

```
        printf("input the inserted record:");
        scanf("%ld,%f",&stu. num,&stu. score);        //再输入要插入的结点的数据
        head=insert(head,&stu);                        //插入结点
        print(head);
        return 0;
    }
```

运行结果却是错误的。

运行结果：

```
input records:
10101,90
10103,98
10105,87
0,0

Now,These 3 records are:
10101    90.0
10103    98.0
10105    87.0
input the deleted number:10103
delete:10103

Now,These 2 records are:
10101    90.0
10105    87.0
input the inserted record:10102,95

Now,These 3 records are:
10101    90.0
10102    95.0
10105    87.0
input the inserted record:10104,76

Now,These 4 records are:
10101    90.0
10104    76.0
10104    76.0
10104    76.0
   ⋮       ⋮
```

无终止地输出 10104 的结点数据。

从运行记录可以看到：第 1 次删除结点和插入结点都正常，在插入第 2 个结点时就不正常了，一直输出准备插入的结点数据。请读者将 main 与 insert 函数结合起来考察为什么会产生以上运行结果。

出现以上结果的原因是：stu 是一个有固定地址的结构体变量。第 1 次把 stu 结点插入到链表中。第 2 次若再用它来插入第 2 个结点，就把第 1 次结点的数据冲掉了。实际上并没有开辟两个结点。读者可根据 insert 函数画出此时链表的情况。为了解决这个问题，必须在每插入一个结点时新开辟一个内存区。修改 main 函数，使之能删除多个结点（直到输入要删除的学号为 0），能插入多个结点（直到输入要插入的学号为 0）。

修改后的整个程序如下：

```
# include <stdio. h>
# include <malloc. h>
# define LEN sizeof(struct student)
struct student
```

```
      {long num;
        float score;
        struct student * next;
      };
    int n;


    int main()
    {struct student student * creat();                              //函数声明
     struct student student * del(student * ,long);                 //函数声明
     struct student student * insert(student * ,student * );        //函数声明
     void print(student * );                                        //函数声明
     struct student * head, * stu;
     long del_num;
     printf("input records:\n");                                    //提示输入
     head=creat();                                                  //建立链表,返回头指针
     print(head);                                                   //输出全部结点
     printf("\ninput the deleted number:");                         //提示用户输入要删除的结点
     scanf("%ld",&del_num);                                         //输入要删除的学号
     while(del_num!=0)                                              //当输入的学号为 0 时结束循环
        {head=del(head,del_num);                                    //删除结点后返回链表的头地址
         print(head);                                               //输出全部结点
         printf("input the deleted number:");                       //提示用户输入要删除的结点
         scanf("%ld",&del_num);                                     //输入要删除的学号
        }
     printf("\ninput the inserted record:");                        //提示输入要插入的结点
     stu=(struct student * ) malloc(LEN);                           //开辟一个新结点
     scanf("%ld,%f",&stu->num,&stu->score);                         //输入要插入的结点
     while(stu->num!=0)                                            //当输入的学号为 0 时结束循环
        {head=insert(head,stu);                                     //返回链表的头地址,赋给 head
         print(head);                                               //输出全部结点
         printf("input the inserted record:");                      //请用户输入要插入的结点
         stu=(struct student * )malloc(LEN);                        //开辟一个新结点
         scanf("%ld,%f",&stu->num,&stu->score);                     //输入插入结点的数据
        }
     return 0;
    }


    //建立链表的函数
    struct student * creat()
      {struct student * head;
       struct student * p1, * p2;
       n=0;
       p1=p2=(struct student * ) malloc(LEN);                       //开辟一个新单元,并使 p1,p2 指向它
       scanf("%ld,%f",&p1->num,&p1->score);
       head=NULL;
       while(p1->num!=0)
          {n=n+1;
```

```c
        if(n==1)head=p1;
        else p2->next=p1;
        p2=p1;
        p1=(struct student * )malloc(LEN);
        scanf("%ld,%f",&p1->num,&p1->score);
      }
  p2->next=NULL;
  return(head);
}
```

```c
//删除结点的函数
struct student * del(struct student * head,long num)
  {struct student * p1, * p2;
  if(head==NULL)                            //若是空表
    {printf("\nlist null! \n");
     return(head);
    }
  p1=head;                                  //使 p1 指向第 1 个结点
  while(num!=p1->num && p1->next!=NULL)
                                            //p1 指向的不是所要找的结点且后面还有结点
    {p2=p1;p1=p1->next;}                    //p1 后移一个结点
  if(num==p1->num)                          //找到了
    {if(p1==head)head=p1->next;             //若 p1 指向的是首结点,把第 2 个结点地址赋予 head
     else p2->next=p1->next;                //否则将下一结点地址赋给前一结点地址
     printf("delete:%ld\n",num);
     n=n-1;
    }
  else
    printf("%ld not been found! \n",num);   //找不到该结点
  return(head);
  }
```

```c
//插入结点的函数
struct student * insert(struct student * head, struct student * stud)
  {struct student * p0, * p1, * p2;
  p1=head;                                  //使 p1 指向第 1 个结点
  p0=stud;                                  //指向要插入的结点
  if(head==NULL)                            //原来的链表是空表
    {head=p0; p0->next=NULL;}               //使 p0 指向的结点作为头结点
  else
    {while((p0->num>p1->num) && (p1->next!=NULL))
      {p2=p1;                               //使 p2 指向刚才 p1 指向的结点
       p1=p1->next;                         //p1 后移一个结点
      }
  if(p0->num<=p1->num)
    {if(head==p1) head=p0;                  //插到原来第 1 个结点之前
     else p2->next=p0;                      //插到 p2 指向的结点之后
```

```
        p0->next=p1;
      }
    else
      {p1->next=p0;
       p0->next=NULL;}                          //插到最后的结点之后
      }
    n=n+1;                                       //结点数加1
    return(head);
  }

void print(struct student * head)               //输出链表的函数
  {struct student * p;
   printf("\nNow,These %d records are:\n",n);
   p=head;
   if(head!=NULL)
   do
     {printf("%ld %5.1f\n",p->num,p->score);
      p=p->next;
     }while(p!=NULL);
  }
```

定义 stu 为指针变量,在需要插入时先用 new 开辟一个内存区,将其起始地址赋给 stu,然后输入此结构体变量中各成员的值。对不同的插入对象,stu 的值是不同的,每次指向一个新的 student 变量。在调用 insert 函数时,实参为 head 和 stu,将已有的链表起始地址传给 insert 函数的形参 head,将新开辟的单元的地址 stu 传给形参 stud,返回的函数值是经过插入之后的链表的头指针(地址)。

运行结果:

```
input records:
10101,90
10103,98
10105,87
0,0

Now,These 3 records are:
10101   90.0
10103   98.0
10105   87.0
input the deleted number:10103
delete:10103

Now,These 2 records are:
10101   90.0
10105   87.0
input the deleted number:0

input the inserted record:10102,95

Now,These 3 records are:
10101   90.0
10102   95.0
10105   87.0
input the inserted record:10104,76

Now,These 4 records are:
10101   90.0
10102   95.0
10104   76.0
10105   87.0
input the inserted record:0,0
```

请读者仔细消化这个程序。这个程序只是初步的,用来实现基本的功能,读者可以在此基础上进一步完善和丰富它。

10. 已有 a,b 两个链表,每个链表中的结点包括学号、成绩。要求把两个链表合并,按学号升序排列。

解:程序如下:

```
#include <stdio.h>
#include <malloc.h>
#define LEN sizeof(struct student)

struct student
{long num;
 int score;
 struct student * next;
};

struct student lista,listb;
int n,sum=0;

int main()
{struct student * creat(void);                           //函数声明
 struct student * insert(struct student * ,struct student * );   //函数声明
 void print(struct student * );                          //函数声明
 struct student * ahead, * bhead, * abh;
 printf("input list a:\n");
 ahead=creat();                                          //调用 creat 函数建立表 A,返回头地址
 sum=sum+n;
 printf("input list b:\n");
 bhead=creat();                                          //调用 creat 函数建立表 B,返回头地址
 sum=sum+n;
 abh=insert(ahead,bhead);                                //调用 insert 函数,将两表合并
 print(abh);                                             //输出合并后的链表
 return 0;
}

     //建立链表的函数
struct student * creat(void)
  {struct student * p1, * p2, * head;
   n=0;
   p1=p2=(struct student * )malloc(LEN);
   printf("input number & scores of student:\n");
   printf("if number is 0,stop inputing. \n");
   scanf("%ld,%d",&p1->num,&p1->score);
   head=NULL;
   while(p1->num!=0)
```

151

```
        {n=n+1;
        if(n==1)
           head=p1;
        else
           p2->next=p1;
        p2=p1;
        p1=(struct student * )malloc(LEN);
        scanf("%ld,%d",&p1->num,&p1->score);
      }
      p2->next=NULL;
      return(head);
  }

      //定义 insert 函数,用来合并两个链表
struct student * insert(struct student * ah,struct student * bh)
   {struct student *  pa1, * pa2, * pb1, * pb2;
   pa2=pa1=ah;
   pb2=pb1=bh;
   do
      {while((pb1->num>pa1->num) &&(pa1->next!=NULL))
         {pa2=pa1;
          pa1=pa1->next;
         }
       if(pb1->num <= pa1->num)
         {if(ah==pa1)
             ah=pb1;
          else
             pa2->next=pb1;
          pb1=pb1->next;
          pb2->next=pa1;
          pa2=pb2;
          pb2=pb1;
         }
      }while((pa1->next!=NULL) ||(pa1==NULL && pb1!=NULL));
    if((pb1!=NULL) &&(pb1->num>pa1->num) &&(pa1->next==NULL))
       pa1->next=pb1;
    return(ah);
  }
      //输出函数
void print(struct student * head)
  {struct student * p;
  printf("There are %d records：\n",sum);
  p=head;
  if(p!=NULL)
  do
  {printf("%ld %d\n",p->num,p->score);
```

```
      p=p->next;
   }while(p!=NULL);
}
```

运行结果：

```
input list a:
input number & scores of student:
if number is 0,stop inputing.
101,89
103,67
105,97
107,88
0
input list b:
input number & scores of student:
if number is 0,stop inputing.
100,100
102,65
106,60
0
There are 7 records:
100 100
101 89
102 65
103 67
105 97
106 60
107 88
```

程序提示：输入 a 链表中的结点数据，包括学生的学号和成绩，如果输入的学号为 0，就表示输入结束。向 a 链表输入 4 个学生的数据，向 b 链表输入 3 个学生的数据。程序把两个链表合并，按学号从小到大排列。最后输出合并后链表的数据。

请读者仔细分析和理解程序的思路和算法。

11. 有两个链表 a 和 b，设结点中包含学号、姓名。从 a 链表中删去与 b 链表中有相同学号的那些结点。

解：删除操作的 N-S 图如图 9.7 所示。

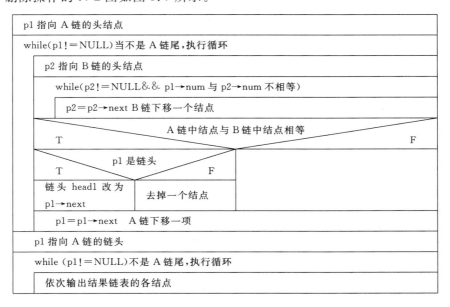

图　9.7

为减少程序运行时的输入量，先设两个结构体数组 a 和 b，并使用初始化的方法使之得到数据。建立链表时就利用这两个数组中的元素作为结点。

程序如下：

```
# include <stdio. h>
# include <string. h>
# define LA 4
# define LB 5
struct student
  {int num;
   char name[8];
   struct student * next;
  }a[LA],b[LB];

int main()
{struct student a[LA]={{101,"Wang"},{102,"Li"},{105,"Zhang"},{106,"Wei"}};
 struct student b[LB]={{103,"Zhang"},{104,"Ma"},{105,"Chen"},{107,"Guo"},{108,"lui"}};
 int i;
 struct student * p, * p1, * p2, * head1, * head2;

 head1=a;
 head2=b;
 printf("list A: \n");
 for(p1=head1,i=1;i<=LA;i++)
   {if(i<LA)
      p1->next=a+i;
    else
      p1->next=NULL;                          //这是最后一个结点
    printf("%4d%8s\n",p1->num,p1->name);      //输出一个结点的数据
    if(i<LA)
      p1=p1->next;                            //如果不是最后一个结点,使 p1 指向下一个结点
   }
 printf("\n list B:\n");
 for(p2=head2,i=1;i<=LB;i++)
   {if(i<LB)
      p2->next=b+i;
    else
      p2->next=NULL;
    printf("%4d%8s\n",p2->num,p2->name);
    if(i<LB)
      p2=p2->next;
   }

 //对 a 链表进行删除操作
```

```
        p1＝head1;
        while(p1!＝NULL)
          {p2＝head2;
          while((p1－>num!＝p2－>num) &&(p2－>next!＝NULL))
            p2＝p2－>next;
                //使 p2 后移直到发现与 a 链表中当前的结点的学号相同或已到 b 链表中最后一个结点
          if(p1－>num==p2－>num)                        //两个链表中的学号相同
            {if(p1==head1)                             //a 链表中当前结点为第 1 个结点
              head1＝p1－>next;                         //使 head1 指向 a 链表中第 2 个结点
            else                                       //如果不是第一个结点
              {p－>next＝p1－>next;
                        //使 p－>next 指向 p1 的下一个结点,即删去 p1 当前指向的结点
              p1＝p1－>next;                             //p1 指向 p1 的下一个结点
              }
            }
          else                                         //b 链表中没有与 a 链表中当前结点相同的学号
            {p＝p1;p1＝p1－>next;}                       //p1 指向 a 链表中的下一个结点
          }
          //输出已处理过的 a 链表中全部结点的数据
        printf("\nresult:\n");
        p1＝head1;
        while(p1!＝NULL)
          {printf("%4d %7s \n",p1－>num,p1－>name);
          p1＝p1－>next;
          }
        return 0;
      }
```

运行结果:

```
list A:
101     Wang
102       Li
105    Zhang
106      Wei

list B:
103    Zhang
104       Ma
105     Chen
107      Guo
108      lui

result:
101     Wang
102       Li
106      Wei
```

12. 建立一个链表,每个结点包括:学号、姓名、性别、年龄。输入一个年龄,如果链表中的结点所包含的年龄等于此年龄,则将此结点删去。

解:N-S 图如图 9.8 所示。

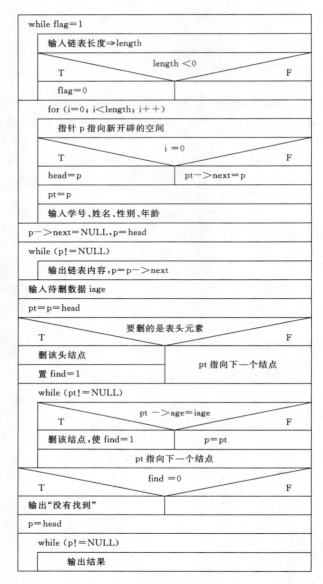

while flag=1				
输入链表长度⇒length				
length<0				
T				F
flag=0				
for (i=0; i<length; i++)				
指针 p 指向新开辟的空间				
i=0				
T				F
head=p		pt->next=p		
pt=p				
输入学号、姓名、性别、年龄				

p->next=NULL,p=head

while (p!=NULL)
　输出链表内容,p=p->next

输入待删数据 iage

pt=p=head

要删的是表头元素 / T / F
删该头结点 / 置 find=1 / pt 指向下一个结点

while (pt!=NULL)
　pt->age=iage / T / F
　删该结点,使 find=1 / p=pt
　pt 指向下一个结点

find=0 / T / F
输出"没有找到"

p=head

while (p!=NULL)
　输出结果

图　9.8

程序如下:

```
#include <stdio.h>
#include <malloc.h>
#define LEN sizeof(struct student)
struct student
{char num[6];
 char name[8];
 char sex[2];
 int age;
 struct student * next;
```

```
}stu[10];

int main()
{struct student * p, * pt, * head;
 int i,length,iage,flag=1;
 int find=0;                              //找到待删除元素 find=1,否则 find=0
 while(flag==1)
   {printf("input length of list(<10):");
    scanf("%d",&length);
    if(length<10)
    flag=0;
   }

//建立链表
for(i=0;i<length;i++)
{p=(struct student * ) malloc(LEN);
 if(i==0)
    head=pt=p;
 else
    pt->next=p;
 pt=p;
 printf("NO. :");
 scanf("%s",p->num);
 printf("name:");
 scanf("%s",p->name);
 printf("sex:");
 scanf("%s",p->sex);
 printf("age:");
 scanf("%d",&p->age);
}
p->next=NULL;
p=head;
printf("\n NO. name sex age\n"); /* 显示 */
while(p!=NULL)
   {printf("%4s%8s%6s%6d\n",p->num,p->name,p->sex,p->age);
    p=p->next;
   }

//删除结点
printf("input age:");                     //输入待删年龄
scanf("%d",&iage);
pt=head;
p=pt;
if(pt->age==iage)                         //链头是待删元素
   {p=pt->next;
    head=pt=p;
    find=1;
```

```
        }
    else                                          //链头不是待删元素
        pt=pt->next;
    while(pt!=NULL)
        {if(pt->age==iage)
        {p->next=pt->next;
         find=1;
        }
        else                                      //中间结点不是待删元素
        p=pt;
        pt=pt->next;
        }
    if(!find)
        printf(" not found %d.",iage);

    p=head;
    printf("\n NO.  name sex age\n");              //显示结果
    while(p!=NULL)
        {printf("%4s%8s",p->num,p->name);
         printf("%6s%6d\n",p->sex,p->age);
         p=p->next;
        }
    return 0;
}
```

运行结果：

```
input length of list(<10):4
NO.:101
name:Ma
sex:m
age:20
NO.:102
name:Li
sex:f
age:23
NO.:103
name:Zhang
sex:m
age:19
NO.:104
name:Wang
sex:m
age:19

 NO.    name   sex   age
 101     Ma     m     20
 102     Li     f     23
 103    Zhang   m     19
 104    Wang    m     19
input age:19

 NO.    name   sex   age
 101     Ma     m     20
 102     Li     f     23
```

程序运行开始后,提示用户输入链表的长度(要求小于 10)。用户输入 4,并输入 4 个学生的学号、姓名、年龄。程序输出已有结点的数据,用户要删除年龄为 19 的学生结点,最后只剩下两个结点。

第 10 章　对文件的输入输出

1. 什么是文件型指针？通过文件指针访问文件有什么好处？

解：略。

2. 对文件的打开与关闭的含义是什么？为什么要打开和关闭文件？

解：略。

3. 从键盘输入一个字符串，将其中的小写字母全部转换成大写字母，然后输出到一个磁盘文件"test"中保存。输入的字符串以"!"结束。

解：

```
# include <stdio. h>
# include <string. h>
# include <stdlib. h>
int main ()
{
 FILE * fp;
 char str[100];
 int i=0;
 if((fp=fopen("a1","w"))==NULL)
    {printf("can not open file\n");
     exit(0);
    }
 printf("input a string:\n");
 gets(str);
 while (str[i]!='!')
    {if(str[i]>='a'&& str[i]<='z')
        str[i]=str[i]-32;
     fputc(str[i],fp);
     i++;
    }
 fclose(fp);
 fp=fopen("a1","r");
 fgets(str,strlen(str)+1,fp);
 printf("%s\n",str);
 fclose(fp);
 return 0;
}
```

运行结果：

```
input a string:
i love china!
I LOVE CHINA
```

4. 有两个磁盘文件"A"和"B",各存放一行字母,今要求把这两个文件中的信息合并(按字母顺序排列),输出到一个新文件"C"中去。

解:先用第 3 题的程序分别建立两个文件 A 和 B,其中内容分别是"I LOVE CHINA"和"I LOVE BEIJING"。

在程序中先分别将 A,B 文件的内容读出放到数组 c 中,再对数组 c 排序。最后将数组内容写到 C 文件中。流程图如图 10.1 所示。

程序如下:

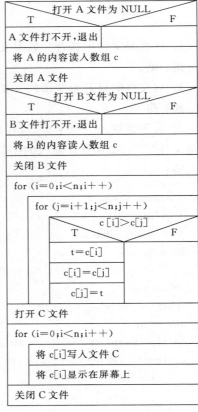

图　10.1

```c
# include <stdio. h>
# include <stdlib. h>
int main()
{
FILE * fp;
int i,j,n,i1;
char c[100],t,ch;
if((fp=fopen("a1","r"))==NULL)
   {printf("\ncan not open file\n");
    exit(0);
   }
printf("file A :\n");
for(i=0;(ch=fgetc(fp))!=EOF;i++)
   {
    c[i]=ch;
    putchar(c[i]);
   }
fclose(fp);


i1=i;
if((fp=fopen("b1","r"))==NULL)
   {printf("\ncan not open file\n");
    exit(0);
   }
printf("\nfile B:\n");
for(i=i1;(ch=fgetc(fp))!=EOF;i++)
   {c[i]=ch;
    putchar(c[i]);
   }
fclose(fp);
```

```
        n=i;
        for(i=0;i<n;i++)
          for(j=i+1;j<n;j++)
            if(c[i]>c[j])
              {t=c[i];
               c[i]=c[j];
               c[j]=t;
              }
        printf("\nfile C :\n");
        fp=fopen("c1","w");
        for(i=0;i<n;i++)
          {putc(c[i],fp);
           putchar(c[i]);
          }
        printf("\n");
        fclose(fp);
        return 0;
      }
```

运行结果：

```
file A :
I LOVE CHINA
file B:
I LOVE BEIJING
file C :
    ABCEEEGHIIIIIJLLNNOOUU
```

5. 有 5 个学生，每个学生有 3 门课程的成绩，从键盘输入学生数据(包括学号，姓名，3 门课程成绩)，计算出平均成绩，将原有数据和计算出的平均分数存放在磁盘文件"stud"中。

解：

解法一：N-S 图如图 10.2 所示。

程序如下：

```
#include <stdio.h>
struct student
{char num[10];
 char name[8];
 int score[3];
 float ave;
}stu[5];
int main()
  {int i,j,sum;
   FILE * fp;
   for(i=0;i<5;i++)
```

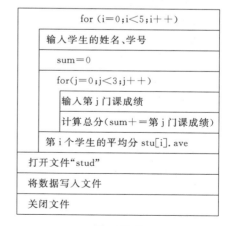

图 10.2

```
{printf("\ninput score of student %d:\n",i+1);
printf("NO.:");
scanf("%s",stu[i].num);
printf("name:");
scanf("%s",stu[i].name);
sum=0;
for(j=0;j<3;j++)
  {printf("score %d:",j+1);
    scanf("%d",&stu[i].score[j]);
    sum+=stu[i].score[j];
  }
stu[i].ave=sum/3.0;
}
//将数据写入文件
fp=fopen("stud","w");
for(i=0;i<5;i++)
  if(fwrite(&stu[i],sizeof(struct student),1,fp)!=1)
    printf("file write error\n");
fclose(fp);
fp=fopen("stud","r");
for(i=0;i<5;i++)
  {fread(&stu[i],sizeof(struct student),1,fp);
   printf("\n%s,%s,%d,%d,%d,%6.2f\n",stu[i].num,stu[i].name,stu[i].score[0],
   stu[i].score[1],stu[i].score[2],stu[i].ave);}
return 0;
}
```

运行结果：

```
input score of student 1:
NO.:101
name:Li
score 1:90
score 2:89
score 3:88

input score of student 2:
NO.:120
name:Wang
score 1:80
score 2:79
score 3:78

input score of student 3:
NO.:130
name:Chen
score 1:70
score 2:69
score 3:68

input score of student 4:
NO.:140
name:Ma
score 1:100
score 2:99
score 3:98
```

```
input score of student 5:
NO.:150
name:Wei
score 1:60
score 2:59
score 3:58

101,Li,90,89,88, 89.00

120,Wang,80,79,78, 79.00

130,Chen,70,69,68, 69.00

140,Ma,100,99,98, 99.00

150,Wei,60,59,58, 59.00
```

说明：在程序的第 1 个 for 循环中，有两个 printf 函数语句用来提示用户输入数据，即"printf("input score of student ％d:\n",i＋1);"和"printf("score ％d:",j＋1);",其中用"i＋1"和"j＋1"而不是用 i 和 j 的用意是使显示提示时，序号从 1 起，即学生 1 和成绩 1(而不是学生 0 和成绩 0)，以符合人们的习惯，但在内存中数组元素下标仍从 0 算起。

程序最后 5 行用来检查文件 stud 中的内容是否正确，从结果来看，是正确的。请注意：用 fwrite 函数向文件输出数据时不是按 ASCII 码方式输出的，而是按内存中存储数据的方式输出的(例如一个整数占 2 个或 4 个字节，一个实数占 4 个字节)，因此不能用 DOS 的 type 命令输出该文件中的数据。

解法二：也可以用下面的程序来实现：

```c
＃include ＜stdio. h＞
＃define SIZE 5
struct student
{char name[10];
 int num;
 int score[3];
 float ave;
}stud[SIZE];

int main()
  {void save(void);                        //函数声明
   int i;
   float sum[SIZE];
   FILE * fp1;
   for (i＝0;i＜SIZE;i＋＋)                 //输入数据,并求每个学生的平均分
     {scanf("％s ％d ％d ％d ％d",stud[i]. name,&stud[i]. num,&stud[i]. score[0],
         &stud[i]. score[1],&stud[i]. score[2]);
      sum[i]＝stud[i]. score[0]＋stud[i]. score[1]＋stud[i]. score[2];
      stud[i]. ave＝sum[i]/3;
     }
   save();                                 //调用 save 函数,向文件 stu.dat 输出数据
```

```
    fp1＝fopen("stu. dat","rb");                          //用只读方式打开 stu.dat 文件
    printf("\n name NO.  score1 score2 score3 ave\n");
    printf("－－－－－－－－－－－－－－－－－－－－－－－－－－－－－－\n");
                                                          //输出表头
    for (i＝0;i＜SIZE;i＋＋)                                //从文件读入数据并在屏幕输出
      {fread(&stud[i],sizeof(struct student),1,fp1);
       printf("%－10s %3d %7d %7d %7d %8.2f\n",stud[i]. name,stud[i]. num,
       stud[i]. score[0],stud[i]. score[1],stud[i]. score[2],stud[i]. ave);
      }
    fclose (fp1);
    return 0;
  }


void save(void)                                          //向文件输出数据的函数
{
  FILE  * fp;
  int i;
  if ((fp＝fopen("stu. dat","wb"))＝＝NULL)
    {printf("The file can not open\n");
     return;
    }
  for(i＝0;i＜SIZE;i＋＋)
    if (fwrite(&stud[i],sizeof(struct student),1,fp)!＝1)
      {printf("file write error\n");
       return;
      }
    fclose(fp);
}
```

运行结果：

```
Zhang 101 77 78 98
Li 102 67 78 88
Wang 103 89 99 97
Wei 104 77 76 98
Tan 105 78 89 97

name       NO.     score1   score2   score3    ave
Zhang      101        77       78       98     84.33
Li         102        67       78       88     77.67
Wang       103        89       99       97     95.00
Wei        104        77       76       98     83.67
Tan        105        78       89       97     88.00
```

  本程序用 save 函数将数据写到磁盘文件上,再从文件读回,然后用 printf 函数输出,从
运行结果可以看到文件中的数据是正确的。

  6. 将第 5 题"stud"文件中的学生数据,按平均分进行排序处理,将已排序的学生数据
存入一个新文件"stu-sort"中。

解：

解法一：N-S 图如图 10.3 所示。

程序如下：

```c
include <stdio.h>
# include <stdlib.h>
# define N 10
struct student
{char num[10];
 char name[8];
 int score[3];
 float ave;
}st[N],temp;

int main()
 {FILE * fp;
  int i,j,n;

  //读文件
  if((fp=fopen("stud","r"))==NULL)
    {printf("can not open. \n");
     exit(0);
    }
  printf("File ′stud′: ");
  for(i=0;fread(&st[i],sizeof(struct student),1,
fp)!=0;i++)
    {printf("\n%8s%8s",st[i]. num,st[i]. name);
     for(j=0;j<3;j++)
       printf("%8d",st[i]. score[j]);
     printf("%10.2f",st[i]. ave);
    }
  printf("\n");
  fclose(fp);
  n=i;

  //排序
  for(i=0;i<n;i++)
    for(j=i+1;j<n;j++)
      if(st[i]. ave < st[j]. ave)
        {temp=st[i];
         st[i]=st[j];
         st[j]=temp;
        }

  //输出
```

图 10.3

打开 stud 文件
for(i=0;fread( )!=0;i++)
显示第 i 个学生的学号、姓名
for(j=0;j<3;j++)
显示第 i 个学生第 j 门课的成绩
显示平均成绩
关闭 stud 文件,n=i
for(i=0;i<n;i++)
for(j=i+1;j<n;j++)
st[i]. ave<st[j]. ave　　T / F
交换 i,j 两项
打开 stu_sort 文件
for(i=0;i<n;i++)
第 i 个记录写入文件
显示该记录的学号、姓名
for(j=0;j<3;j++)
显示该学生第 j 门课的成绩
显示平均分
关闭 stu_sort 文件

图 10.3

```
        printf("\nNow:");
        fp＝fopen("stu_sort","w");
        for(i＝0;i<n;i++)
          {fwrite(&st[i],sizeof(struct student),1,fp);
           printf("\n%8s%8s",st[i].num,st[i].name);
           for(j＝0;j<3;j++)
              printf("%8d",st[i].score[j]);
           printf("%10.2f",st[i].ave);
          }
        printf("\n");
        fclose(fp);
        return 0;
}
```

运行结果：

```
File 'stud':
    110      Li      90       89      88      89.00
    120      Wang    80       79      78      79.00
    130      Chen    70       69      68      69.00
    140      Ma      100      99      98      99.00
    150      Wei     60       59      58      59.00

Now:
    140      Ma      100      99      98      99.00
    110      Li      90       89      88      89.00
    120      Wang    80       79      78      79.00
    130      Chen    70       69      68      69.00
    150      Wei     60       59      58      59.00
```

解法二：与第 5 题解法二相应,可以接着使用下面的程序来实现本题要求。

```
# include <stdio.h>
# include <stdlib.h>
# define SIZE 5
struct student
{
 char name[10];
 int num;
 int score[3];
 float ave;
}stud[SIZE],work;
int main()
{
 void sort(void);
 int i;
 FILE * fp;
 sort();
 fp＝fopen("stud_sort.dat","rb");
 printf("sorted student's scores list as follow\n");
 printf("——————————————————————————————————————\n");
 printf(" NAME N0. SCORE1 SCORE2 SCORE3 AVE \n");
```

```c
    printf("—————————————————————————————————————————\n");
    for(i=0;i<SIZE;i++)
      { fread(&stud[i],sizeof(struct student),1,fp);
        printf("%—10s %3d %8d %8d %8d %9.2f\n",stud[i].name,stud[i].num,
              stud[i].score[0],stud[i].score[1],stud[i].score[2],stud[i].ave);
      }
    fclose(fp);
    return 0;
}


void sort(void)
  {FILE *fp1,*fp2;
    int i,j;
    if((fp1=fopen("stu.dat","rb"))==NULL)
      {printf("The file can not open\n\n");
        exit(0);
      }
    if((fp2=fopen("stud_sort.dat","wb"))==NULL)
      {printf("The file write error\n");
        exit(0);
      }
    for(i=0;i<SIZE;i++)
      if(fread(&stud[i],sizeof(struct student),1,fp1)!=1)
        {printf("file read error\n");
          exit(0);
        }
    for(i=0;i<SIZE;i++)
      {for(j=i+1;j<SIZE;j++)
        if(stud[i].ave<stud[j].ave)
          {work=stud[i];
            stud[i]=stud[j];
            stud[j]=work;
          }
        fwrite(&stud[i],sizeof(struct student),1,fp2);
      }
    fclose(fp1);
    fclose(fp2);
}
```

运行结果：

```
sorted student's scores list as follow
----------------------------------------------------
 NAME     NO.    SCORE1   SCORE2   SCORE3    AVE
----------------------------------------------------
Wang      103      89       99       97     95.00
Tan       105      78       89       97     88.00
Zhang     101      77       78       98     84.33
Wei       104      77       76       98     83.67
Li        102      67       78       88     77.67
```

7. 将第 6 题已排序的学生成绩文件进行插入处理。插入一个学生的 3 门课程成绩,程序先计算新插入学生的平均成绩,然后将它按成绩高低顺序插入,插入后建立一个新文件。

解:N-S 图如图 10.4 所示。

程序如下:

```
#include <stdio.h>
#include <stdlib.h>
struct student
{char num[10];
 char name[8];
 int score[3];
 float ave;
}st[10],s;
```

输入待插入的学生的数据
计算其平均分
打开 stu_sort 文件
从该文件读入数据并显示出来
确定插入的位置 t
向文件输出前面 t 个学生的数据并显示
向文件输出待输入的学生数据并显示
向文件输出 t 后面的学生数据并显示
关闭文件

图　10.4

```
int main()
 {FILE * fp, * fp1;
  int i,j,t,n;
  printf("\nNO. :");
  scanf("%s",s.num);
  printf("name:");
  scanf("%s",s.name);
  printf("score1,score2,score3:");
  scanf("%d,%d,%d",&s.score[0],&s.score[1],&s.score[2]);
  s.ave=(s.score[0]+s.score[1]+s.score[2])/3.0;

      //从文件读数据
  if((fp=fopen("stu_sort","r"))==NULL)
    {printf("can not open file.");
     exit(0);
    }
  printf("original data:\n");
    for(i=0;fread(&st[i],sizeof(struct student),1,fp)!=0;i++)
      {printf("\n%8s%8s",st[i].num,st[i].name);
       for(j=0;j<3;j++)
         printf("%8d",st[i].score[j]);
       printf("%10.2f",st[i].ave);
      }

  n=i;
  for(t=0;st[t].ave>s.ave && t<n;t++);

      //向文件写数据
  printf("\nNow:\n");
  fp1=fopen("sort1.dat","w");
  for(i=0;i<t;i++)
```

```
      {fwrite(&st[i],sizeof(struct student),1,fp1);
        printf("\n %8s%8s",st[i]. num,st[i]. name);
        for(j=0;j<3;j++)
          printf("%8d",st[i]. score[j]);
        printf("%10. 2f",st[i]. ave);
      }
    fwrite(&s,sizeof(struct student),1,fp1);
    printf("\n %8s %7s %7d %7d %7d%10. 2f",s. num,s. name,s. score[0],
          s. score[1],s. score[2],s. ave);

    for(i=t;i<n;i++)
      {fwrite(&st[i],sizeof(struct student),1,fp1);
        printf("\n %8s%8s",st[i]. num,st[i]. name);
        for(j=0;j<3;j++)
          printf("%8d",st[i]. score[j]);
        printf("%10. 2f",st[i]. ave);
      }
    printf("\n");
    fclose(fp);
    fclose(fp1);
    return 0;
}
```

运行结果：

```
NO.:160
name:Tan
score1,score2,score3:98,97,98
original data:
      140      Ma     100      99      98     99.00
      101      Li      90      89      88     89.00
      120    Wang      80      79      78     79.00
      130    Chen      70      69      68     69.00
      150     Wei      60      59      58     59.00
Now:
      140      Ma     100      99      98     99.00
      160     Tan      98      97      98     97.67
      101      Li      90      89      88     89.00
      120    Wang      80      79      78     79.00
      130    Chen      70      69      68     69.00
      150     Wei      60      59      58     59.00
```

为节省篇幅,本题和第 8 题不再给出第 6 题"解法二"的程序,请读者自己编写程序。

8. 将第 7 题结果仍存入原有的"stu-sort"文件而不另建立新文件。

解:程序如下:

```
#include <stdio. h>
#include <stdlib. h>
struct student
{char num[10];
 char name[8];
```

```
    int score[3];
    float ave;
}st[10],s;

int main()
{FILE * fp, * fp1;
 int i,j,t,n;
 printf("\nNO. :");
 scanf("%s",s. num);
 printf("name:");
 scanf("%s",s. name);
 printf("score1,score2,score3:");
 scanf("%d,%d,%d",&s. score[0],&s. score[1],&s. score[2]);
 s. ave=(s. score[0]+s. score[1]+s. score[2])/3.0;

    //从文件读数据
 if((fp=fopen("stu_sort","r"))==NULL)
   {printf("can not open file.");
    exit(0);
   }
 printf("original data:\n");
   for(i=0;fread(&st[i],sizeof(struct student),1,fp)!=0;i++)
     {printf("\n%8s%8s",st[i]. num,st[i]. name);
      for(j=0;j<3;j++)
        printf("%8d",st[i]. score[j]);
      printf("%10.2f",st[i]. ave);
     }

 n=i;
 for(t=0;st[t]. ave>s. ave && t<n;t++);

    //向文件写数据
 printf("\nNow:\n");
 fp1=fopen("sort1. dat","w");
 for(i=0;i<t;i++)
   {fwrite(&st[i],sizeof(struct student),1,fp1);
    printf("\n %8s%8s",st[i]. num,st[i]. name);
    for(j=0;j<3;j++)
      printf("%8d",st[i]. score[j]);
    printf("%10.2f",st[i]. ave);
   }
 fwrite(&s,sizeof(struct student),1,fp1);
 printf("\n %8s %7s %7d %7d %7d%10.2f",s. num,s. name,s. score[0],
       s. score[1],s. score[2],s. ave);
```

```
for(i=t;i<n;i++)
  {fwrite(&st[i],sizeof(struct student),1,fp1);
   printf("\n %8s%8s",st[i].num,st[i].name);
   for(j=0;j<3;j++)
     printf("%8d",st[i].score[j]);
   printf("%10.2f",st[i].ave);
  }
printf("\n");
fclose(fp);
fclose(fp1);
return 0;
}
```

运行结果：

```
NO.:160
name:Hua
score1,score2,score3:78,89,91
original data:

        140      Ma      100      99      98      99.00
        101      Li       90      89      88      89.00
        120      Wang     80      79      78      79.00
        130      Chen     70      69      68      69.00
        150      Wei      60      59      58      59.00
Now:

        140      Ma      100      99      98      99.00
        101      Li       90      89      88      89.00
        160      Hua      78      89      91      86.00
        120      Wang     80      79      78      79.00
        130      Chen     70      69      68      69.00
        150      Wei      60      59      58      59.00
```

9. 有一磁盘文件"employee"，内存放职工的数据。每个职工的数据包括职工姓名、职工号、性别、年龄、住址、工资、健康状况、文化程度。今要求将职工名、工资的信息单独抽出来另建一个简明的职工工资文件。

解： N-S 图如图 10.5 所示。

程序如下：

```
# include <stdio.h>
# include <stdlib.h>
# include <string.h>
struct employee
{char num[6];
 char name[10];
 char sex[2];
 int  age;
 char addr[20];
 int  salary;
 char health[8];
 char class[10];
```

图 10.5

```c
}em[10];

struct emp
{char name[10];
 int salary;
}em_case[10];

int main()
  {FILE * fp1, * fp2;
   int i,j;
   if ((fp1=fopen("employee","r"))==NULL)
     {printf("can not open file. \n");
      exit(0);
     }
   printf("\n NO.  name sex age addr salary health class\n");
   for (i=0;fread(&em[i],sizeof(struct employee),1,fp1)!=0;i++)
     {printf("\n%4s%8s%4s%6d%10s%6d%10s%8s",em[i]. num,em[i]. name,em[i]. sex,
             em[i]. age,em[i]. addr,em[i]. salary,em[i]. health,em[i]. class);
      strcpy(em_case[i]. name,em[i]. name);
      em_case[i]. salary=em[i]. salary;
     }
   printf("\n\n***********************************************************");
   if((fp2=fopen("emp_salary","wb"))==NULL)
     {printf("can not open file\n");
      exit(0);
     }
   for (j=0;j<i;j++)
     {if(fwrite(&em_case[j],sizeof(struct emp),1,fp2)!=1)
         printf("error!");
      printf("\n %12s%10d",em_case[j]. name,em_case[j]. salary);
     }
   printf("\n***********************************************************");
   fclose(fp1);
   fclose(fp2);
   return 0;
  }
```

运行结果:

```
 NO.   name  sex   age     addr    salary    health   class

 101    Li    m    23    Beijing    670       good    F.H.D.
 102   Wang   f    45    Shanghai   780       bad     master
 103    Ma    m    32    Taijin     650       good     univ.
 104   Liu    f    56     Xian      540       pass    college


    *********************************
         Li      670
       Wang      780
         Ma      650
        Liu      540
    *********************************          Press any key to continue.
```

说明：数据文件 employee 是事先建立好的,其中已有职工数据,而 emp_salary 文件则是由程序建立的。

　　建立 employee 文件的程序如下：

```
#include <stdio.h>
#include <stdlib.h>
struct employee
{char num[6];
 char name[10];
 char sex[2];
 int   age;
 char addr[20];
 int   salary;
 char health[8];
 char class[10];
}em[10];

int main()
  {
    FILE *fp;
    int i;
    printf("input NO., name, sex, age, addr,salary,health,class\n");
    for (i=0;i<4;i++)
    scanf("%s %s %s %d %s %d %s %s",em[i].num,em[i].name,em[i].sex,
         &em[i].age,em[i].addr,&em[i].salary,em[i].health,em[i].class);

       //将数据写入文件
    if((fp=fopen("employee","w"))==NULL)
      {printf("can not open file.");
       exit(0);
      }
    for (i=0;i<4;i++)
      if(fwrite(&em[i],sizeof(struct employee),1,fp)!=1)
        printf("error\n");
    fclose(fp);
    return 0;
  }
```

　　在运行此程序时从键盘输入 4 个职工的数据,程序将它们写入 employee 文件。在运行前面一个程序时从 employee 文件中读出数据并输出到屏幕,然后建立一个简明文件,同时在屏幕上输出。

　　10. 从第 9 题的"职工工资文件"中删去一个职工的数据,再存回原文件。

解：N-S 图如图 10.6 所示。

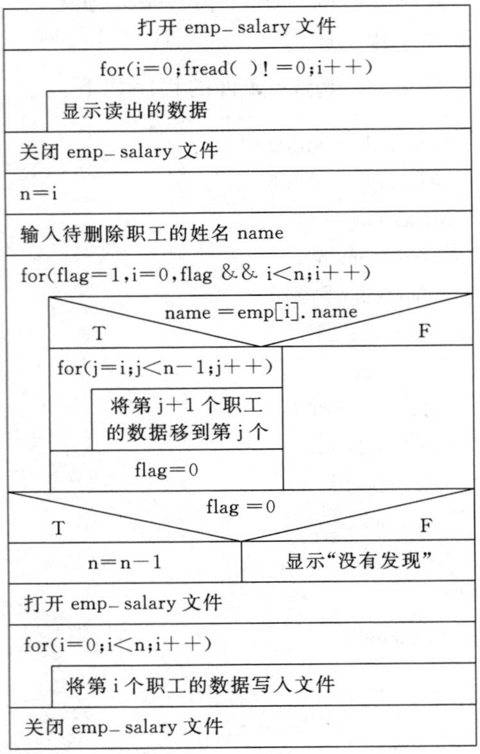

程序如下：

```c
#include <stdio.h>
#include <stdlib.h>
#include <string.h>
struct employee
{char name[10];
 int salary;
}emp[20];

int main()
  {FILE * fp;
   int i,j,n,flag;
   char name[10];
   if((fp=fopen("emp_salary","rb"))==NULL)
      {printf("can not open file. \n");
       exit(0);
      }
   printf("\noriginal data:\n");
   for(i = 0;fread(&emp[i],sizeof(struct
       employee),1,fp)!=0;i++)
       printf("\n %8s %7d",emp[i].name,
           emp[i].salary);
   fclose(fp);
   n=i;
   printf("\ninput name deleted:\n");
   scanf("%s",name);
   for(flag=1,i=0;flag && i<n;i++)
      {if(strcmp(name,emp[i].name)==0)
         {for(j=i;j<n-1;j++)
          {strcpy(emp[j].name,emp[j+1].name);
           emp[j].salary=emp[j+1].salary;
          }
          flag=0;
         }
      }
   if(!flag)
      n=n-1;
   else
      printf("\nnot found!");
   printf("\nNow,The content of file:\n");
   if((fp=fopen("emp_salary","wb"))==NULL)
      {printf("can not open file\n");
       exit(0);
```

图　10.6

```c
    }
  for(i=0;i<n;i++)
    fwrite(&emp[i],sizeof(struct employee),1,fp);
  fclose(fp);
  fp=fopen("emp_salary","r");
  for(i=0;fread(&emp[i],sizeof(struct employee),1,fp)!=0;i++)
    printf("\n%8s %7d",emp[i].name,emp[i].salary);
  printf("\n");
  fclose(fp);
  return 0;
}
```

运行结果：

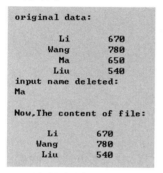

```
original data:

       Li       670
     Wang       780
       Ma       650
      Liu       540
input name deleted:
Ma

Now,The content of file:

       Li       670
     Wang       780
      Liu       540
```

11. 从键盘输入若干行字符(每行长度不等),输入后把它们存储到一磁盘文件中。再从该文件中读入这些数据,将其中小写字母转换成大写字母后在显示屏上输出。

解：N-S 图如图 10.7 所示。

程序如下：

```c
#include <stdio.h>
int main()
 {int i,flag;
  char str[80],c;
  FILE * fp;
  fp=fopen("text","w");
  flag=1;
  while(flag==1)
    {printf("input string:\n");
     gets(str);
     fprintf(fp,"%s ",str);
     printf("continue?");
     c=getchar();
     if((c=='N')||(c=='n'))
     flag=0;
     getchar();
    }
```

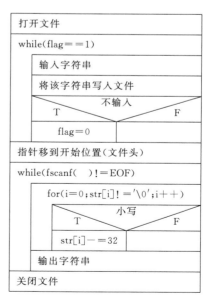

图 10.7

```
            fclose(fp);
            fp=fopen("text","r");
            while(fscanf(fp,"%s",str)!=EOF)
              {for(i=0;str[i]!='\0';i++)
               if((str[i]>='a') && (str[i]<='z'))
               str[i]-=32;
               printf("%s\n",str);
              }
            fclose(fp);
            return 0;
          }
```

运行结果：

```
input string:
abcdef.
continue?y
input string:
qhijkl.
continue?y
input string:
mnopqrst.
continue?n
ABCDEF.
QHIJKL.
MNOPQRST.
```

此程序运行结果是正确的,但是如果输入的字符串中包含了空格,就会发生一些问题,例如输入：

```
input string:
i am a student.↙
```

得到的结果是：

```
I
AM
A
STUDENT.
```

把一行分成几行输出。这是因为用 fscanf 函数从文件读入字符串时,把空格作为一个字符串的结束标志,因此把该行作为 4 个字符串来处理,分别输出在 4 行上。请读者考虑怎样解决这个问题。

第 2 部分　深入学好 C 程序设计

这一部分包括 3 章：第 11 章预处理指令、第 12 章位运算和第 13 章 C 程序案例。这部分内容是对教材《C 程序设计（第四版）》的重要补充。要深入掌握和使用 C 语言进行编程，建议应当学习以下 3 章的内容。

第 11 章　预处理指令

在《C 程序设计（第四版）》一书的程序中，已用到预处理指令，如 ♯ include 指令、♯ define 指令等。几乎每一个 C 程序都会包含预处理指令，它是 C 程序中的重要部分。本章对预处理指令再集中进行较系统和深入的讨论。

C 语言允许在源程序中加入一些"预处理指令"（preprocessing directive），以改进程序设计环境，提高编程效率。这些预处理指令是由 C 标准建议的，但是它不是 C 语言本身的组成部分，不能用 C 编译系统直接对它们进行编译（因为编译程序不能识别它们）。必须在对程序进行正式编译（包括词法和语法分析、代码生成、优化等）之前，先对程序中这些特殊的指令进行"预处理"（preprocess，也称"编译预处理"或"预编译"）。把预处理指令转换成相应的程序段，它们和程序中的其他部分组成真正的 C 语言程序，对预处理指令进行的预处理工作，是由称为 **C 预处理器**（preprocessor）的程序负责处理的。

在预处理阶段，预处理器把程序中的注释全部删除；对预处理指令进行处理，如把 ♯ include 指令指定的头文件（如 stdio. h）的内容复制到 ♯ include 指令处；对 ♯ define 指令，进行指定的字符替换（如将程序中的符号常量用指定的字符串代替），同时删去预处理指令。

经过预处理后的程序不再包括预处理指令了，最后再由编译程序对预处理后的源程序进行实际的编译处理，得到可供执行的目标代码。现在使用的许多 C 编译系统，把 C 预处理器作为 C 编译系统的一个组成部分，在进行编译时一气呵成。因此有的用户误认为预处理指令是 C 语言的一部分，甚至以为它们是 C 语句，这是不对的。必须正确区别预处理指令和 C 语句，区别预处理和编译，才能正确使用预处理指令。C 语言与其他高级语言的一个重要区别是可以使用预处理指令和具有预处理的功能。

C 提供的预处理功能常用的主要有以下 3 种：

（1）宏定义；

（2）文件包含；

（3）条件编译。

这些功能分别用宏定义指令、文件包含指令和条件编译指令来实现。为了与 C 语句相区别，这些指令以符号"♯"开头，指令后面没有分号。

在主教材中已经接触到一些预处理指令了（如 ♯ include ＜stdid. h＞，♯ define PI 3.14159 等），下面再作详细的介绍，善于利用预处理指令对于提高程序的质量和程序调试的效率很有好处。

11.1　宏　定　义

11.1.1　不带参数的宏定义

不带参数的宏定义是比较简单的，就是用一个指定的标识符（即名字）来代表一个字符串。它的一般形式为

♯**define 标识符 字符串**

这就是已经介绍过的定义**符号常量**，例如：

♯ define PI 3.1415926

它的作用是：在本程序文件中用指定的标识符 PI 来代替"3.1415926"这个字符串。在进行预处理时，将程序中凡是在该指令以后出现的所有的"PI"都用"3.1415926"代替。这种方法使用户能以一个简单的名字代替一个长的字符串，因此把这个标识符（名字）称为"宏名"，在预处理时将宏名替换成字符串的过程称为"宏展开"。♯ define 就是宏定义指令。

例 11.1　输入半径，求圆周长、圆面积、圆球体积，使用不带参数的宏定义。

解：解题思路：求圆周长、圆面积、圆球体积的公式是众所皆知的：

$$圆周长\ l = 2\pi r$$
$$圆面积\ s = \pi r^2$$
$$圆球体积\ v = \frac{4}{3}\pi r^3$$

π 的值为 3.1415926。由于三个公式中都用到一个常数 π，为了避免多次重复在程序中书写 3.1415926，可以用一个标识符 PI 代替 3.1415926。

编写程序：

```
♯ include ＜stdio. h＞
♯ define PI 3.1415926
int main()
{ double l,s,r,v;
  printf("input radius:");
  scanf("%lf",&r);
  l=2.0 * PI * r;
  s=PI * r * r;
  v=4.0/3 * PI * r * r * r;
  printf("l=%10.4lf\ns=%10.4lf\nv=%10.4lf\n",l,s,v);
```

```
        return 0;
    }
```

运行结果：

```
input radius:4
l=    25.1327
s=    50.2655
v=  268.0826
```

程序分析：定义变量 l,s,r,v 为 double（双精度）变量，以提高运算精度。如果定义为 float 型变量，在编译时会给出"警告"信息："conversion from ′double′ to ′float′, possible loss of data"（从 double 型转换为 float 型，可能丢失数据），因为 C 语言把所有实数都作为双精度数处理。因此对第 7,8,9 行都给出"警告"。实际上程序没有错，"警告"的目的是提醒用户检查程序有无问题，如果用户检查后认为不影响结果，可以对这个"警告"不予理会。现在程序中把变量定义为 double 型，在编译时不会给出"警告"信息。由于变量为 double 型，故在输出时用%lf 格式符（在 f 之前加小写字母 l），否则会输出不正确的数字。读者可以试一下。

宏名习惯用大写字母表示（程序中用 PI），以便与变量名相区别（但这并非规定，用小写字母并不会出错，但建议用大写）。

使用宏名代替一个字符串，可以减少程序中重复书写某些字符串的工作量。若不定义 PI 代表 3.1415926，则在程序中要多处出现 3.1415926，不仅麻烦，而且容易写错（或敲错），用宏名代替，简单而不易出错，因为记住一个宏名（它的名字往往用容易理解的单词表示）要比记住一个无规律的字符串容易，而且在读程序时能立即知道它的含义，当需要改变某一个常量时，可以只改变#define 指令行，一改全改。例如，定义数组大小，可以用

    #define array_size 1000
    int array[array_size];

先指定 array_size 代表常量 1000，因此数组 array 的大小为 1000。如果需要改变数组大小为 500，只须改#define 行：

    #define array_size 500

这样在程序中所有以 array_size 代表的 1000 都全改为 500 了。使用宏定义，可以提高程序的通用性。

说明：

（1）宏定义只是用宏名代替一个字符串，也就是只作简单的置换，不作正确性检查。如果写成

    #define PI 3.14l5926

即把数字 1 错写成小写字母 l，在预处理时也照样把字母 l 代入，不管是否符合用户原意，也不管含义是否有意义。预处理时不作任何语法检查。只有对已被宏展开后的源程序进行编译时才会发现语法错误并报错。

（2）宏定义不是 C 语句，不必在行末加分号。如果加了分号则会连分号一起进行置

换。如：

```
#define PI 3.1415926;
area=PI*r*r;
```

经过宏展开后，该语句为

```
area=3.1415926;*r*r;
```

显然出现语法错误。

（3）#define 指令出现在程序中的函数的外面，宏名的有效范围为该指令行起到本源文件结束。通常，#define 指令写在文件开头，函数之前，作为文件一部分，在整个文件范围内有效。

（4）可以用 #undef 指令终止宏定义的作用域。例如：

```
#define G 9.8
int main()
{                    ⎤
    ⋮                 ⎬ G 的有效范围
}                    ⎦
#undef G
f1()
{
    ⋮
}
```

由于 #undef 的作用，使 G 的作用范围到 #undef 指令的前一行，因此在 f1 函数中，G 不再代表 9.8。这样可以灵活控制宏定义的作用范围。

（5）在进行宏定义时，可以引用已定义的宏名，即可以层层置换。

例 11.2 在宏定义中引用已定义的宏名。

解：编写程序：

```
#include <stdio.h>
#define R 3.0
#define PI 3.1415926
#define L 2*PI*R
#define S PI*R*R
int main()
{
    printf("L=%f\nS=%f\n",L,S);
    return 0;
}
```

运行结果：

```
L=18.849556
S=28.274333
```

程序分析： 经过宏置换后，printf 函数中的输出项 L 被置换为 2*3.1415926*3.0，S

置换为 3.1415926 * 3.0 * 3.0,printf 语句置换为

printf("L=%f\nS=%f\n",2 * 3.1415926 * 3.0,3.1415926 * 3.0 * 3.0);

（6）对程序中用双撇号括起来的字符串内的字符,即使与宏名相同,也不进行置换。例如例 11.2 中的 printf 函数内有两个 L 字符,一个在双撇号内,它不被宏置换,另一个在双撇号外,被宏置换。

（7）宏定义与定义变量的含义不同,不分配存储空间。不带参数的宏定义只作简单的字符替换,千万不要把宏名当作变量名使用。

11.1.2 带参数的宏定义

带参数的宏定义不是进行简单的字符串替换,还要进行参数替换。其定义的一般形式为

♯define 宏名（参数表）字符串
字符串中包含在括号中所指定的参数。例如:

♯define S(a,b)　a * b
⋮
area＝S(3,2);

以上定义矩形面积 S,a 和 b 是边长。在程序中用了 S(3,2),把 3 和 2 分别代替宏定义中的形式参数 a 和 b,即用 3 * 2 取代(3,2)。因此赋值语句置换为

area＝3 * 2;

对带参数的宏定义是这样进行展开置换的:在程序中如果有带实参的宏(如 S(3,2)),则按 ♯define 指令行中指定的字符串从左到右进行置换。如果串中包含宏中的形参(如 a,b),则将程序语句中相应的实参(可以是常量、变量或表达式)代替形参。如果宏定义中的字符串中的字符不是参数字符(如 a * b 中的 * 号),则保留。这样就形成了置换的字符串,见图 11.1。

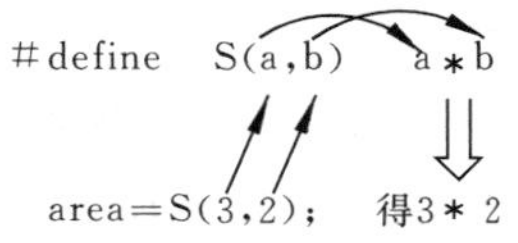

图 11.1

例 11.3 用带参数的宏求圆面积。

解:解题思路:利用带参数的宏求解问题,只要代入不同的参数,就可以得到不同的结果。比较灵活方便。

编写程序:

```
♯include <stdio.h>
♯define PI 3.1415926
♯define S(r) PI * r * r
int main()
{ double a＝3.6,area;
  area＝S(a);
  printf("r=%lf\narea=%lf\n",a,area);
  return 0;
}
```

运行结果：

```
r=3.600000
area=40.715040
```

程序分析：赋值语句"area＝S(a);"经宏置换后为

area＝3.1415926 * a * a;

说明：对带参数的宏的展开只是将语句中的宏名后面括号内的实参字符串代替 ♯define指令中的形参。本程序中的赋值语句中有 S(a)，在置换时，找到 ♯define 指令中的 S(r)，将 S(a)中的实参字符 a 代替宏定义中的字符串"PI * r * r"中的形参 r，得到 PI * a * a。

这是容易理解而且不会发生什么问题的。但是，如果有以下语句：

area＝S(a＋b);

这时把实参 a＋b 代替 PI * r * r 中的形参 r，成为 area＝PI * a＋b * a＋b;请注意在 a＋b 外面没有括号，显然这与程序设计者的原意不符。原意希望得到

area＝PI * (a＋b) * (a＋b)；

为了得到这个结果，应当在定义宏时，在字符串中的形式参数外面加一个括号。即

♯define S(r) PI * (r) * (r)

在对 S(a＋b)进行宏置换时，将 a＋b 代替括号中的 r，就成了

PI * (a＋b) * (a＋b)

这就达到了目的。

注意：在定义宏时，在宏名与带参数的括号之间不应加空格；否则将空格以后的字符都作为替代字符串的一部分。例如，如果有

♯define S (r) PI * r * r　　　　　　　　　　　　//在 S 后有一空格

系统会认为 S 是符号常量(不带参数的宏名)，它代表字符串"(r) PI * r * r"。如果在程序中有语句

area＝S(a);

则被置换为

aArea＝(r) PI * r * r(a);

显然不对了。

有些读者容易把带参数的宏和函数混淆。的确，它们之间有一定类似之处，在调用函数时也是在函数名后的括号内写实参，也要求实参与形参的数目相等。但是带参数的宏定义与函数在本质上是不同的。主要有：

(1) 函数调用时，先求出实参表达式的值，然后代入形参。而使用带参数的宏只是进行

字符替换。例如上面的 S(a+b),在宏置换时并不求 a+b 的值,而只将实参字符"a+b"代替形参 r。

(2) 函数调用是在程序运行时处理的,为形参分配临时的内存单元。而宏置换则是在预处理阶段进行的,在置换时并不分配内存单元,不进行值的传递处理,也没有"返回值"的概念。

(3) 对函数中的实参和形参都要定义类型,二者的类型要求一致,如不一致,应进行类型转换。而宏不存在类型问题,宏名无类型,它的参数也无类型,只是一个符号代表,置换时,代入指定的字符串即可。定义宏时,字符串可以是任何类型的数据。例如:

```
#define CHAR1 CHINA          (字符)
#define A 3.6                (数值)
```

CHAR1 和 A 不需要定义类型,它们不是变量,在程序中凡遇"CHAR1"均以字符"CHINA"代之;凡遇"A"均以字符"3.6"代之,显然不需定义类型。同样,对带参数的宏:

```
#define s(r) PI * r * r
```

r 也不是变量,如果在语句中有 S(3.6),则置换后为 PI * 3.6 * 3.6,语句中并不出现 r。当然也不必定义 r 的类型。

(4) 调用函数只可得到一个返回值,而用宏可以设法得到几个结果。

例 11.4 使用宏,求圆周长、圆面积和圆球体积。

解: 解题思路:利用宏可以设法得到几个结果。

编写程序:

```
#include <stdio.h>
#define PI 3.1415926
#define CIRCLE(R,L,S,V) L=2 * PI * R;S=PI * R * R;V=4.0/3.0 * PI * R * R * R
int main()
{ double r,l,s,v;
  printf("please enter r:");
  scanf("%lf",&r);
  CIRCLE(r,l,s,v);
  printf("r=%6.2lf\nl=%6.2lf\ns=%6.2lf\nv=%6.2lf\n",r,l,s,v);
  return 0;
}
```

在预处理阶段,对宏进行置换,置换后的程序如下(假设只对宏进行置换):

```
#include <stdio.h>
int main()
{ double r,l,s,v;
  printf("please enter r:");
  scanf("%f",&r);
  l=2 * 3.1415926 * r; s=3.1415926 * r * r; v=4.0/3.0 * 3.1415926 * r * r * r;
  printf("r=%6.2lf\nl=%6.2lf\ns=%6.2lf\nv=%6.2lf\n",r,l,s,v);
```

```
    return 0;
}
```

运行结果：

```
please enter r:3.5
r=  3.50
l= 21.99
s= 38.48
v=179.59
```

程序分析：程序中只给出一个实参 r 的值，就可以从宏 CIRCLE 的置换中得到 3 个值 (l,s,v)。其实，这只不过是字符代替而已，将字符 r 代替宏定义中的 R,l 代替 L,s 代替 S,v 代替 V,而并未在宏置换时求出 l,s,v 的值。

(5) 使用宏次数多时,宏展开后源程序变长,因为每展开一次都使程序增长,而函数调用不会使源程序变长。

(6) 宏替换不占运行时间,只占预处理时间。而函数调用则占运行时间(分配单元、保留现场、值传递、返回)。

一般用宏来代表简短的表达式比较合适。有些问题,用宏和函数都可以。例如：

```
#define MAX(x,y)   (x)>(y)? (x):(y)
int main()
{int a,b,c,d,t;
   ⋮
  t=MAX(a+b,c+d);
   ⋮
  return 0;
}
```

赋值语句置换后为

t=(a+b)>(c+d)? (a+b):(c+d);

注意：MAX 不是函数,这里只有一个 main 函数,在 main 函数中就能直接求出 t 的值。这个问题也可以用函数来解决。可以定义求两个数中大者的函数 max：

```
int max(int x,int y)                //定义 max 函数
  {return(x>y? x:y);}
    在主函数中调用 max 函数：
  int main()
    { int a,b,c,d,t;
       ⋮
     t=max(a+b,c+d);               //调用 max 函数
       ⋮
     return 0;
}
```

请分析以上两种方法。

如果善于利用宏定义,可以实现程序的简化。例如可以事先将程序中的"输出格式"定

义好,以减少在输出语句中每次都要写出具体的输出格式的麻烦。

例 11.5 定义一些宏,代表不同的输出格式。

解:解题思路: 在编写程序时,常常要写 printf 函数,针对不同的输出对象,临时编写 printf 函数中的输出格式,例如有时是输出 1 个整数,有时是输出 2 个整数,有时是输出 3 个整数,有时要输出字符串,等等,这是一件简单而重复的工作。设想:能否把常用的一些格式定义为不同的宏名,用时不必再具体地设计输出格式,而直接使用宏即可。下面分别是输出 1 个整数、2 个整数、3 个整数、4 个整数和字符串的格式声明。

编写程序:

```c
#include <stdio.h>
#define PR printf
#define NL "\n"
#define D "%d "
#define D1 D NL
#define D2 D D NL
#define D3 D D D NL
#define D4 D D D D NL
#define S "%s"
int main()
{ int a,b,c,d;
  char string[]="CHINA";
  a=1;b=2;c=3;d=4;
  PR(D1,a);                    //输出 1 个整数
  PR(D2,a,b);                  //输出 2 个整数
  PR(D3,a,b,c);                //输出 3 个整数
  PR(D4,a,b,c,d);              //输出 4 个整数
  PR(S,string);               //输出字符串
  return 0;
}
```

运行结果:

```
1
1 2
1 2 3
1 2 3 4
CHINA
```

程序分析: 程序中用 PR 代表 printf;以 NL 代表执行一次"换行"操作;以 D 代表输出一个整型数据的格式符"%d";以 D1 代表输出完 1 个整数后换行;D2 代表输出 2 个整数后换行;D3 代表输出 3 个整数后换行;D4 代表输出 4 个整数后换行;以 S 代表输出一个字符串的格式符"%s\n"。可以看到,程序中写输出语句就比较简单了,只要根据需要选择已定义的输出格式即可,连 printf 都可以简写为 PR。

可以参照本例,写出各种输入输出的格式(例如单精度浮点型、双精度浮点型、长整型、十六进制整数、八进制整数、字符型等),把它们单独编成一个文件,它相当于一个"格式库",用 #include 指令"包括"到自己所编的程序中,用户就可以根据情况各取所需了。显然在写

大程序时,这样做是很方便的。

11.2　"文件包含"处理

前面已多次用过文件包含指令了,如:

♯include ＜stdio. h＞

所谓"文件包含"处理是指一个源文件可以将另外一个源文件的全部内容包含进来,即将另外的文件内容包含到本文件之中,插入到当前的位置。C 语言用 ♯include 指令用来实现"文件包含"的操作。其一般形式为

♯include ″文件名″

或

♯include ＜文件名＞

图 11.2 表示"文件包含"的含义。图 11.2(a)为文件 file1. c,该文件中有一个 ♯include ＜file2. c＞指令,还有其他内容(以 A 表示)。图 11.2(b)为另一文件 file2. c,文件内容以 B 表示。在对预处理指令 ♯include＜file2. c＞进行预处理时,系统将 file2. c 文件中的全部内容复制,取代 ♯include＜file2. c＞指令。即把 file2. c 包含到 file1. c 中,得到图 11.2(c)所示的结果。在进行编译时,就是对经过预处理的 file1. c(即图 11.2(c)所示)作为一个源文件单位进行编译。

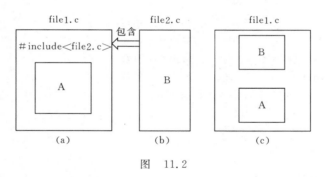

图　11.2

"文件包含"指令是很有用的,它可以节省程序设计人员的重复劳动。例如,某单位的人员往往使用一组固定的符号常量(如 g＝9.111,pi＝3.1415926,e＝2.718,c＝……),可以把这些宏定义指令组成一个头文件,然后各人都可以用 ♯include 指令将这些符号常量包含到自己所写的源文件中,而不必自己重复定义这些符号常量,相当于工业上的标准零件,拿来就用。

例 11.6　将例 11.5 的格式宏做成头文件,把它包含在用户程序中。

解:解题思路:在例 11.5 中是用户自己根据需要,在程序中定义各种格式宏,但是这样用起来不方便,最好把这些格式宏作为一个头文件,供大家使用。需要用这些格式宏的用户,只须用 ♯include 指令把该文件包含到自己的程序中即可。

编写程序:

（1）将格式宏做成头文件 format. h

```
# define PR printf
# define NL "\n"
# define D "%d "
# define D1 D NL
# define D2 D D NL
# define D3 D D D NL
# define D4 D D D D NL
# define S "%s" NL
```

（2）编写主文件 file1. c

```
# include <stdio. h>
# include "format. h"
int main()
{ int a,b,c,d;
  char string[]="CHINA";
  a=1;b=2;c=3;d=4;
  PR(D1,a);
  PR(D2,a,b);
  PR(D3,a,b,c);
  PR(D4,a,b,c,d);
  PR(S,string);
  return 0;
}
```

运行结果：

```
1
1 2
1 2 3
1 2 3 4
CHINA
```

程序分析：在进行编译时，并不是分别对两个文件进行编译，然后再将它们的目标程序连接的，而是在预处理时将文件 format. h 的内容包含到主文件 file1. c 中（取代 # include 指令），得到一个新的源程序（被包含的文件 format. h 中的内容成为新的源文件的一部分）。编译系统对这个文件进行编译，得到一个目标（. obj）文件。

这种常用在文件头部的被包含的文件称为"标题文件"或"头文件"，常以". h"为后缀（h 为 header 的缩写），如"format. h"文件。当然不用". h"为后缀，而用". c"为后缀或者没有后缀也是可以的，但用". h"作后缀更能表示此文件的性质。

如果需要修改程序中常用的一些参数，可以不必修改每个程序，只须把这些参数放在一个头文件中，在需要时修改头文件即可。但是应当注意，被包含文件修改后，凡包含此文件的所有文件都要全部重新编译。

在本程序中。有两个 # include 指令，第一个 # include 指令中的文件名用尖括号括起来（# include <stdio. h>），第 2 个 # include 指令中的文件名用双撇号括起来（# include "stdio. h")。这二者有什么区别呢？二者都合法,区别在于:用尖括号(如<stdio. h>)形式时,系统到存放 C 库函数头文件的目录中寻找要包含的文件,这称为**标准方式**。用双撇号("file2. h")形式时,系统先在用户当前目录中寻找要包含的文件,若找不到,再按标准方式查找(即再按尖括号的方式查找)。一般来说,如果为了调用库函数而用♯include 指令来包含相关的头文件,则用尖括号,直接从存放 C 编译系统的目录中找,以节省查找时间。如果要包含的是用户自己编写的文件(这种文件一般都放在用户建立的用户当前目录中,用户编写的源程序存放在此目录中),一般用双撇号,以便到该目录中找。若该头文件没有放在用户当前目录中,则程序编写者应在双撇号内给出文件路径(如♯include"C:\wang\file2. h")。

说明:

(1) 一个♯include 指令只能指定一个被包含文件,如果要包含 n 个文件,要用 n 个♯include指令。

(2) 如果文件 1 需要包含文件 2,而在文件 2 中又要用到文件 3 的内容,则可在文件 1 中用两个♯include 指令分别包含文件 2 和文件 3,而且文件 3 应出现在文件 2 之前,即在file1. c 中定义:

```
♯ include    ″file3. h″
♯ include    ″file2. h″
```

由于 file3. h 的位置在 file2. h 之前,file2. h 和 file1. c 都可以用 file3. h 的内容。在 file2. h 中不必再用♯include "file3. h"了(以上是假设 file2. h 在本程序中只被 file1. c 包含,而不出现在其他场合)。

(3) 在一个被包含文件中又可以包含另一个被包含文件,即文件包含是可以嵌套的。例如,上面的问题也可以这样处理,见图 11.3。

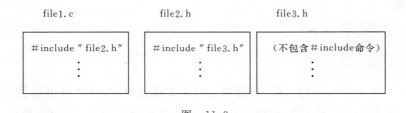

图　　11.3

它的作用与图 11.4 所示相同。

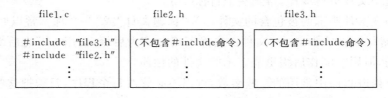

图　　11.4

(4) 头文件除了可以包括函数原型和宏定义外,也可以包括结构体类型定义(见第 10章)和全局变量定义等。

11.3 条 件 编 译

一般情况下,源程序中所有行都参加编译。但是有时希望程序中的一部分内容只在满足一定条件时才进行编译,也就是对这一部分内容指定编译的条件,这就是"条件编译"(condition compiling)。有时,希望在满足某条件时对某一组语句进行编译,而当条件不满足时则编译另一组语句。

条件编译指令有以下几种形式:

(1) #**ifdef** 标识符
　　　　　　程序段 1
　　#**else**
　　　　　　程序段 2
　　#**endif**

它的作用是:若所指定的标识符已经被#define指令定义过,则在程序编译阶段对程序段1进行编译;否则编译程序段2。实际上,预处理器是这样执行的,当发现所指定的标识符已经被#define指令定义过,就保留源程序中的"程序段1",而忽略"程序段2"(把"程序段2"删除),否则就保留"程序段2",而忽略"程序段1"。即在最后提供编译的源程序中只包括"程序段1",或只包括"程序段2"。

条件编译指令中的#else部分可以没有,即

#**ifdef**　　标识符
　　　　程序段 1
#**endif**

这里的"程序段"可以是语句组,也可以是指令行。这种条件编译对于提高C源程序的通用性是很有好处的。如果一个C源程序在不同计算机系统上运行,而不同的计算机又有一定的差异(例如,有的机器以16位(2个字节)来存放一个整数,而有的则以32位存放一个整数),这样在不同的计算机上编译程序时往需要对源程序作必要的修改,这就降低了程序的通用性。可以用以下的条件编译来处理:

```
# ifdef COMPUTER_A              //如果已定义过 COMPUTER_A
    # define INTEGER 16          //编译此指令行
# else                          //否则
    # define INTEGER_SIZE 32     //编译此指令行
# endif
```

如果在这组条件编译指令之前曾出现以下指令行:

　　# define COMPUTER_A 0

或将 COMPUTER_A 定义为任何字符串,甚至是

　　# define COMPUTER_A

即只要 COMPUTER_A 已被定义过,则在程序预编译时就会包括下面的指令行:

```
# define INTEGER_SIZE 16
```

否则,就对下面的指令行进行预编译:

```
# define INTEGER_SIZE 32
```

则预编译后程序中的 INTEGER_SIZE 都用 16 代替;否则都用 32 代替。

这样,源程序可以不必做任何修改就可以用于不同类型的计算机系统。当然以上介绍的只是一种简单的情况,读者可以根据此思路设计出其他条件编译。

例如,在调试程序时,常常希望输出一些所需的信息,而在调试完成后不再输出这些信息。可以在源程序中插入以下的条件编译段:

```
# ifdef DEBUG
    printf("x=%d,y=%d,z=%d\n",x,y,z);
# endif
```

如果在它的前面有以下指令:

```
# define DEBUG
```

则在程序运行时输出 x,y,z 的值,以便调试时分析。调试完成后只须将这个 #define 指令删去即可。有人可能觉得不用条件编译也可达此目的,即在调试时加一批 printf 语句,调试后一一将 printf 语句删去。的确,这是可以的。但是,当调试时加的 printf 语句比较多时,修改的工作量是很大的。用条件编译,则不必一一删改 printf 语句,只须删除前面的一条"#define DEBUG"指令即可,这时所有的用 DEBUG 作标识符的条件编译段都使其中的 printf 语句不起作用,即起统一控制的作用,如同一个"开关"一样。

(2) **# ifndef 标识符**
        程序段 1
 # else
        程序段 2
 # endif

同第 1 种形式相比,只是第 1 行不同: 将"ifdef"改为"ifndef"。它的作用是:若指定的标识符未被定义过,则编译程序段 1;否则编译程序段 2。这种形式与第 1 种形式的作用相反。

以上两种形式的用法差不多,根据需要任选一种,视方便而定。例如,上面调试时输出信息的条件编译段也可以改为

```
# ifndef RUN
printf("x=%d,y=%d,z=%d\n",x,y,z);
# endif
```

如果在此之前未对 RUN 定义,则输出 x,y,z 的值。调试完成后,在运行之前,加以下指令:

```
# define RUN
```

再进行编译和运行,则不会输出 x,y,z 的值。

（3）♯if 表达式

　　　程序段 1

♯else

　　　程序段 2

♯endif

它的作用是当指定的表达式值为真（非零）时就编译程序段 1；否则编译程序段 2。可以事先给定条件，使程序在不同的条件下执行不同的功能。

例 11.7 输入一行字母字符，根据需要设置条件编译，使之能将字母全改为大写输出，或全改为小写字母输出。

解：解题思路：用一个字符数组存放一行字符，其中包括大写字母和小写字母。题目要求根据用户指定，把所有字母全改为大写字母，或者全改为小写字母。可以用条件编译来处理：定义一个宏 LETTER，用"♯if LETTER"指令检测，如果 LETTER 代表 1（真），就编译一组语句，把小写字母改为大写字母；如果 LETTER 代表 0（假），就编译另一组语句，把大写字母改为小写字母。

编写程序：

```
#include <stdio.h>
#define LETTER 1                        //定义宏 LETTER 代表 1
int main()
{ char str[20]="C Language",c;
  int i=0;
  while((c=str[i])!='\0')               //当前字符不是'\0'时
    {
      #if LETTER                        //条件编译开始,如果 LETTER 为真(1)
        if(c>='a' && c<='z')            //若当前字符为小写字母
          c=c-32;                       //改为大写字母
      #else                             //如果 LETTER 为假(0)
        if(c>='A' && c<='Z')            //若当前字符为大写字母
          c=c+32;                       //改为小写字母
      #endif                            //条件编译结束
      printf("%c",c);                   //输出此字符
      i++;                              //指向下一个字符
    }
  printf("\n");
  return 0;
}
```

运行结果：

C LANGUAGE

程序分析：现在先定义 LETTER 为 1，这样在对条件编译指令进行预处理时，由于 LETTER 为真（1），就将第 1 个 if 语句保留而删除第 2 个 if 语句，这样经编译后运行，就会使小写字母变为大写字母。如果将程序第 2 行改为

```
# define LETTER 0
```

则在预处理时,保留第 2 个 if 语句,而删除第 1 个 if 语句。经过编译后运行,就会使大写字母变成小写字母(大写字母与相应的小写字母的 ASCII 代码差为 32)。此时运行结果为

C language

有的读者可能会问,不用条件编译指令而直接用 if 语句也能达到要求,用条件编译指令有什么好处呢? 的确,对这个问题完全可以不用条件编译处理而用 if 语句处理,但那样做,目标程序长(因为所有语句都编译),运行时间长(因为在程序运行时要对 if 语句进行测试)。而采用条件编译,可以减少被编译的语句,从而减少目标程序的长度,减少运行时间。当条件编译段比较多时,目标程序长度可以大大减少。以上举例是最简单的情况,只是为了说明怎样使用条件编译,有人会觉得其优越性不太明显,但是如果程序比较复杂而善于使用条件编译,其优越性是比较明显的。

本章介绍的预处理功能是 C 语言特有的,有利于程序的可移植性,增加程序的灵活性。在学习深入并编写较大的程序时,善于利用预处理指令,对提高程序的质量会有好处的。

第 12 章 位 运 算

位运算是 C 语言的重要特色，是其他计算机高级语言所没有的。

所谓位运算是指以二进制位为对象的运算。在系统软件中，常要处理二进制位的问题。例如，将一个存储单元中的各二进制位左移或右移一位、两个数按位相加等。C 语言提供位运算的功能，与其他高级语言相比，它显然具有很大的优越性。

指针运算和位运算往往是编写系统软件所需要的。在计算机用于检测和控制领域中也要用到位运算的知识，因此要真正掌握和使用好 C 语言，应当学习位运算。

12.1 位运算和位运算符

C 语言提供如表 12.1 所列出的位运算符。

表 12.1

运 算 符	含 义	运 算 符	含 义
&	按位与	～	按位取反
|	按位或	<<	左移
∧	按位异或	>>	右移

说明：

（1）位运算符中除"～"以外，均为二目（元）运算符，即要求两侧各有一个运算量。如 a&b。

（2）参加位运算的对象只能是整型或字符型的数据，不能为实型数据。

下面对各种位运算分别介绍。

12.1.1 "按位与"运算

参加运算的两个数据，按二进制位进行"与"运算。如果两个相应的二进制位都为 1，则该位的结果值为 1；否则为 0。即

$$0\&0=0,\quad 0\&1=0,\quad 1\&0=0,\quad 1\&1=1。$$

例如，7&5 并不等于 12，应该是进行"按位与"的运算：

```
     00000111(7)      (7用二进制表示为111)
(&)  00000101(5)      (5用二进制表示为101)
     ──────────
     00000101(5)      (二进制数101等于十进制数5)
```

因此，7&5 的值为 5。如果参加"&"运算的是负数（如-7 & -5），则以补码形式表示为二进制数，然后按位进行"与"运算。

注意：&& 是逻辑与运算符，7 && 5 的值为 1，因为非 0 的数值按"真"处理，逻辑与的结果是"真"，以 1 表示。而 & 是按位与，7 & 5 的结果是 5。

按位与有一些特殊的用途：

（1）**清零**。如果想将一个单元清零，即使其全部二进制位为 0，只要找一个二进制数，其中各个位符合以下条件：原来的数中为 1 的位，新数中相应位为 0。然后使二者进行 & 运算，即可达到清零目的。

例如，原有数为 00101011，另找一个数，设它为 10010100，它符合以上条件，即在原数为 1 的位置上，它的位值均为 0。将两个数进行 & 运算：

$$00101011$$
$$(\&)\quad 10010100$$
$$\overline{00000000}$$

其道理是显然的。当然也可以不用 10010100 这个数，而用其他数（如 01000100）也可以，只要符合上述条件即可。

（2）**取一个数中某些指定位**。如有一个整数 a（为方便起见，以 2 个字节表示），想要其中的低字节。只须将 a 与（377）$_8$ 按位与即可，见图 12.1。

图中表示 c＝a&b 的运算。b 为八进制数的 377，运算后 c 只保留 a 的低字节，高字节为 0。

如果想取两个字节中的高字节，只须用 c＝a & 0177400（0177499 表示八进制数的 177400），见图 12.2。

a	00 10 11 00	10 10 11 00
b	00 00 00 00	11 11 11 11
c	00 00 00 00	10 10 11 00

a	00 10 11 00	10 10 11 00
b	11 11 11 11	00 00 00 00
c	00 10 11 00	00 00 00 00

图　12.1　　　　　　　　　　　　　　　图　12.2

（3）**要想将哪一位保留下来，就与一个数进行 & 运算，此数在该位取 1**。例如，有一数 01010100，想把其中左面第 3，4，5，7，8 位保留下来，可以这样运算：

$$01010100\quad（十进制数 84）$$
$$(\&)\quad 00111011\quad（十进制数 59）$$
$$\overline{00010000}\quad（十进制数 16）$$

可以看到得到的结果的数（16）其中第 3，4，5，7，8 位就是 01010100 的第 3，4，5，7，8 位，其他各位均为 0。以上运算表示为：a＝84，b＝59，c＝a & b，结果是 16。

12.1.2 "按位或"运算

按位或运算的规则是：两个对应的二进制位中只要有一个为 1，该位的结果值为 1。即：

$$0|0=0,\quad 0|1=1,\quad 1|0=1,\quad 1|1=1。$$

例如：

$$060 \mid 017$$

将八进制数 60 与八进制数 17 进行按位或运算。

```
              0 0 1 1 0 0 0 0      （八进制数 60）
 （|）  0 0 0 0 1 1 1 1      （八进制数 17）
              0 0 1 1 1 1 1 1
```

低 4 位全为 1。如果想使一个数 a 的低 4 位改为 1,只须将 a 与 017 进行按位或运算即可。

按位或运算常用来对一个数据的某些位定值为 1。例如,a 是一个整数,有表达式:a|0377,则低 8 位全置为 1,高 8 位保留原样。

12.1.3　"异或"运算

异或运算符"$\wedge$"也称 XOR 运算符。它的规则是:若参加运算的两个二进制位异号,则得到 1(真),若同号,则结果为 0(假)。即:

$$0 \wedge 0 = 0, \quad 0 \wedge 1 = 1, \quad 1 \wedge 0 = 1, \quad 1 \wedge 1 = 0。$$

例如:

```
              0 0 1 1 1 0 0 1   （十进制数 57,八进制数 071）
 （$\wedge$）  0 0 1 0 1 0 1 0   （十进制数 42,八进制数 052）
              0 0 0 1 0 0 1 1   （十进制数 19,八进制数 023）
```

即 $071 \wedge 052$,结果为 023(八进制数)。

"异或"的意思是判断两个相应的位值是否为"异"。为"异"(值不同)就取真(1);否则为假(0)。

下面举例说明异或运算的应用:

(1) 使特定位翻转

假设有 01111010,想使其低 4 位翻转,即 1 变为 0,0 变为 1。可以将它与 00001111 进行异或($\wedge$)运算,即:

```
              0 1 1 1 1 0 1 0
 （$\wedge$）  0 0 0 0 1 1 1 1
              0 1 1 1 0 1 0 1
```

结果值的低 4 位正好是原数低 4 位的翻转。要使哪几位翻转就将与其进行 $\wedge$ 运算的数在该几位置为 1(其他位置为 0)即可。这是因为原数中值为 1 的位与 1 进行 $\wedge$ 运算得 0,原数中的位值 0 与 1 进行 $\wedge$ 运算的结果得 1。

(2) 与 0 相 $\wedge$,保留原值

例如:$012 \wedge 00 = 012$

```
              0 0 0 0 1 0 1 0
 （$\wedge$）  0 0 0 0 0 0 0 0
              0 0 0 0 1 0 1 0
```

因为原数中的 1 与 0 进行 $\wedge$ 运算得 1,$0 \wedge 0$ 得 0,故保留原数。

(3) 交换两个值,不用临时变量

假如 $a = 3, b = 4$。想将 a 和 b 的值互换,可以用以下赋值语句实现:

$$a = a \wedge b;$$
$$b = b \wedge a;$$
$$a = a \wedge b;$$

可以用下面的竖式来说明：

$$
\begin{array}{r}
a = 0\,1\,1 \\
(\wedge)\quad b = 1\,0\,0 \\
\hline
a = 1\,1\,1 \quad\text{（a∧b 的结果，a 已变成 7）}\\
(\wedge)\quad b = 1\,0\,0 \\
\hline
b = 0\,1\,1 \quad\text{（b∧a 的结果，b 已变成 3）}\\
(\wedge)\quad a = 1\,1\,1 \\
\hline
a = 1\,0\,0 \quad\text{（a∧b 的结果，a 已变成 4）}
\end{array}
$$

即等效于以下两步：

① 执行前面两个赋值语句："a＝a∧b;"和"b＝b∧a;"相当于 b＝b∧(a∧b)。而 b∧a∧b 等于 a∧b∧b。b∧b 的结果为 0，因为同一个数与本身相∧，结果必为 0。因此 b 的值等于 a∧0，即 a，其值为 3。

② 再执行第 3 个赋值语句：a＝a∧b。由于 a 的值等于(a∧b)，b 的值等于(b∧a∧b)，因此，相当于 a＝a∧b∧b∧a∧b，即 a 的值等于 a∧a∧b∧b∧b，等于 b。

a 得到 b 原来的值。

12.1.4　"取反"运算

"～"是一个单目(元)运算符，用来对一个二进制数按位取反，即将 0 变 1，将 1 变 0。例如，～025 是对八进制数 25(即二进制数 00010101)按位求反。

$$
\begin{array}{l}
\;0\,0\,0\,0\,0\,0\,0\,0\,0\,0\,0\,1\,0\,1\,0\,1 \quad\text{（八进制数 25）}\\
(\sim)\;\underline{} \quad\text{（按位求反）}\\
\;1\,1\,1\,1\,1\,1\,1\,1\,1\,1\,1\,0\,1\,0\,1\,0 \quad\text{（八进制数 177752）}
\end{array}
$$

即八进制数 177752。因此，～025 的值为八进制数 177752。不要误认为～025 的值是 —025。

下面举一例说明～运算符的应用。

若一个整数 a 为 16 位，想使最低一位为 0，可以用

$$a＝a \,\&\, 0177776$$

177776 即二进制数 1111111111111110，如果 a 的值为八进制数 75，a & 0177776 的运算可以表示如下：

$$
\begin{array}{l}
\;0\,0\,0\,0\,0\,0\,0\,0\,0\,0\,1\,1\,1\,1\,0\,1\\
(\&)\;\underline{1\,1\,1\,1\,1\,1\,1\,1\,1\,1\,1\,1\,1\,1\,1\,0}\\
\;0\,0\,0\,0\,0\,0\,0\,0\,0\,0\,1\,1\,1\,1\,0\,0
\end{array}
$$

a 的最后面一个二进制位变成 0。但如果一个整数 a 为 32 位，想将最后一位变成 0 就不能用 a & 0177776 了。应改用：

$$a \,\&\, 037777777776$$

这种方法不易记忆，可以改用：

$$a＝a \,\&\, \sim1$$

它对以 16 位和以 32 位存放一个整数的情况都适用，不必作修改。因为在以两个字节存储一个整数时，1 的二进制形式为 0000000000000001，～1 是 1111111111111110(注意～1 不等于 —1，弄清～运算符和负号运算符的不同)。在以 4 个字节存储一个整数时，～1

是 11111111111111111111111111111110。

～运算符的优先级别比算术运算符、关系运算符、逻辑运算符和其他位运算符都高，例如：

$$\sim a\&b$$

先进行～a 运算，然后进行 & 运算。

12.1.5　左移运算

"＜＜"用来将一个数的各二进制位全部左移若干位。例如：

$$a=a<<2$$

将 a 的二进制数左移 2 位，右补 0。若 a＝15，即二进制数 00001111，左移 2 位得 00111100，即得到十进制数 60。高位左移后溢出，舍弃。

```
                              0 0 0 0 1 1 1 1
     (<<2,左移2位)
                          0 0|0 0 1 1 1 1 0 0
                          ↑               ↑
                        溢出舍弃          右补0
```

为简单起见，用 8 位二进制数表示十进制数 15，如果用 16 位或 32 位二进制数表示，结果是一样的。

左移 1 位相当于该数乘以 2，左移 2 位相当于该数乘以 $2^2=4$。上面举的例子 15＜＜2，结果是 60，即乘了 4。但此结论只适用于该数左移时被溢出舍弃的高位中不包含 1 的情况。例如，假设以一个字节（8 位）存一个整数，若 a 为无符号整型变量，则 a＝64 时，左移一位时溢出的是 0，而左移 2 位时，溢出的高位中包含 1。

由表 12.2 可以看出，若 a 的值为 64，在左移 1 位后相当于乘 2，左移 2 位后，值等于 0。

表　12.2

a 的值	a 的二进制形式		a<<1		a<<2
64	01000000	0	10000000	01	00000000
127	01111111	0	11111110	01	11111100

左移比乘法运算快得多，有些 C 编译程序自动将乘 2 的运算用左移一位来实现，将乘 2^n 的幂运算处理为左移 n 位。

12.1.6　右移运算

a＞＞2 表示将 a 的各二进制位右移 2 位，移到右端的低位被舍弃，对无符号数，高位补 0。例如，a＝017 时，a 的值用二进制形式表示为 00001111。

```
                              0 0 0 0 1 1 1 1
     (a>>2)
                          0 0 0 0 0 0 1 1|1 1
                          ↑             ↑
                        左补0          此2位舍弃
```

右移一位相当于除以 2，右移 n 位相当于除以 2^n。

在右移时，需要注意符号位问题。对无符号数，右移时左边高位补 0；对于有符号的数，如果原来符号位为 0（该数为正），则左边也补 0，如同上例表示的那样。如果符号位原来为 1（即负数），则左边移入 0 还是 1，要取决于所用的计算机系统。有的系统补 0，有的系统补 1。补 0 的称为"逻辑右移"，即简单右移，不考虑数的符号问题，补 1 的称为"算术右移"（保持原有的符号）。

例如，a 是 short 型变量，用两个字节存放数，若 a 值为八进制数 113755，即最高位为 1，对它进行右移两位的运算：a>>1。请看结果：

a:	1001011111101101	（用二进制形式表示）
a>>1:	0100101111110110	（逻辑右移时）
a>>1:	1100101111110110	（算术右移时）

在有些系统上，a>>1 得八进制数 045766（逻辑右移时），而在另一些系统上可能得到的是 145766（算术右移时）。Visual C++ 和其他一些 C 编译采用的是算术右移，即对有符号数右移时，如果符号位原来为 1，左面补入高位的是 1。

12.1.7　位运算赋值运算符

位运算符与赋值运算符可以组成复合赋值运算符，如：& ＝，| ＝，>> ＝，<< ＝，∧ ＝等。

例如，a & ＝b 相当于 a＝a&b，a<< ＝2 相当于 a＝a<<2。

12.1.8　不同长度的数据进行位运算

如果两个数据长度不同（例如 short 和 int 型）进行位运算时（如 a&b，而 a 为 short，b 为 int 型），系统会将二者按右端对齐。如果 a 为正数，则左侧 16 位补满 0；若 a 为负数，左端应补满 1；如果 a 为无符号整数型，则左侧添满 0。

12.2　位运算举例

例 12.1　从一个整数 a 中把从右端开始的 4～7 位取出来。

可以这样考虑：

① a 右移 4 位，见图 12.3。图 12.3(a)是未右移时的情况，(b)图是右移 4 位后的情况。目的是使要取出的那几位移到最右端。右移到右端可以用下面方法实现：

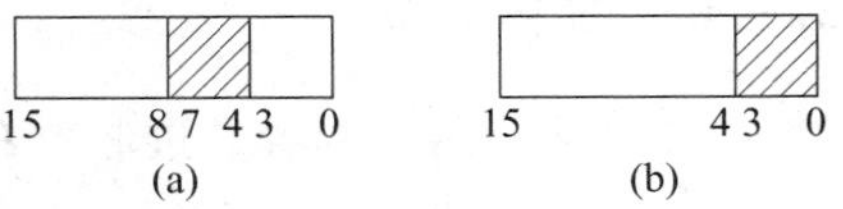

图　12.3

:a>>4

② 设置一个低 4 位全为 1，其余全为 0 的数。可用下面方法实现：

$$\sim(\sim 0<<4)$$

~ 0 的全部二进制位为 1，左移 4 位，这样右端低 4 位为 0，见下面所示：

$$0: \qquad 0\,0\,0\,0\,\cdots\,0\,0\,0\,0\,0\,0$$
$$\sim 0: \qquad 1\,1\,1\,1\,\cdots\,1\,1\,1\,1\,1\,1$$
$$\sim 0 <\!< 4: \qquad 1\,1\,1\,1\,\cdots\,1\,1\,0\,0\,0\,0$$
$$\sim(\sim 0 <\!< 4): 0\,0\,0\,0\,\cdots\,0\,0\,1\,1\,1\,1$$

③ 将上面①、②进行 & 运算。即

$$(a >\!> 4)\,\&\,\sim(\sim 0 <\!< 4)$$

根据上一节介绍的方法,与低 4 位为 1 的数进行 & 运算,就能将这 4 位保留下来。

程序如下:

```c
#include <stdio.h>
int main()
{unsigned a,b,c,d;
 printf("please enter a:");
 scanf("%o",&a);
 b=a>>4;
 c=~(~0<<4);
 d=b&c;
 printf("%o,%d\n%o,%d\n",a,a,d,d);
 return 0;
}
```

运行结果:

```
please enter a:331
331,217
15,13
```

输入 a 的值为八进制数 331,即十进制数 217,其二进制形式为 11011001,经运算最后得到的 d 为 00001101,即八进制数 15,十进制数 13。

可以任意指定从右面第 m 位开始取其右面 n 位。只须将程序中的"b=a>>4"改成"b=a>>(m-n+1)"以及将"c=~(~0<<4)"改成"c=~(~0<<n)"即可。

例 12.2 循环移位。要求将 a 进行右循环移位,见图 12.4。
图 12.4 表示将 a 右循环移 n 位,即将 a 中原来左面(16-n)位右移 n 位,原来右端 n 位移到最左面 n 位。今假设用两个字节存放一个短整数(short int 型)。

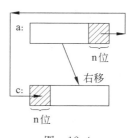

图 12.4

解题思路:
为实现以上目的可以用以下步骤:

① 将 a 的右端 n 位先放到 b 中的高 n 位中,可以用下面语句实现:

b=a<<(16-n);

② 将 a 右移 n 位,其左面高位 n 位补 0,可以用下面语句实现:

c=a>>n;

③ 将 c 与 b 进行按位或运算,即

```
c=c|b;
```

程序如下:

```
#include <stdio.h>
int main()
{unsigned a,b,c;
 int n;
 printf("please enter a & n"\n);
 scanf("a=%o,n=%d",&a,&n);
 b=a<<(16-n);
 c=a>>n;
 c=c|b;
 printf("a:\nc:",a,c);
 return 0;
}
```

运行结果:

```
please enter a & n:
a=157653,n=3
a:157653
c:75765
```

运行开始时输入八进制数 157653,即二进制数 1101111110101011,循环右移 3 位后得二进制数 0111101111110101,即八进制数 75765。

同样可以进行左循环位移。

12.3 位　　段

以前曾介绍过对内存中信息的存取一般以字节为单位。实际上,有时存储一个信息不必用一个或多个字节,例如,"真"或"假"用 0 或 1 表示,只需 1 个二进位即可。在计算机用于过程控制、参数检测或数据通信领域时,控制信息往往只占一个字节中的一个或几个二进制位,常常在一个字节中放几个信息。

那么,怎样向一个字节中的一个或几个二进制位赋值和改变它的值呢?可以用以下两种方法。

图　12.5

（1）人为地将一个整型变量 data 分为几段。例如,a,b,c,d 分别占 2 位、6 位、4 位、4 位(见图 12.5)。如果想将 c 段的值变为 12(设 c 原来为 0)。

可以这样:

① 将整数 12 左移 4 位(执行 12<<4),使 1100 成为右面起第 4~7 位。

② 将 data 与"12<<4"进行"按位或"运算,即可使 c 的值变成 12。

如果 c 的原值不为 0,应先使之为 0。可以用下面方法:

    data=data & 0177417   (0177417 的最左边的 0 表示 177417 是八进制数)

$(177417)_8$ 的二进制表示为

$$\underbrace{1\,1}_{a}\quad\underbrace{1\,1\,1\,1\,1\,1}_{b}\quad\underbrace{0\,0\,0\,0}_{c}\quad\underbrace{1\,1\,1\,1}_{d}$$

也就是使第 4～7 位全为 0,其他位全为 1。它与 data 进行 & 运算,使第 4～7 位为 0,其余各位保留 data 的原状。

这个 177417 称为"屏蔽字",即把 c 以外的信息屏蔽起来,不受影响,只使 c 改变为 0。但要找出和记住 177417 这个数比较麻烦。可以用

data＝data & ~(15<<4);

15 是 c 的最大值(c 共占 4 位,最大值为 1111,即 15)。15<<4 是将 1111 左移到以右侧开始 4～7 位,即 c 段的位置,再取反,就使 4～7 位变成 0,其余位全是 1,以上可以示意为

$$15：\qquad\qquad 0000000000001111$$
$$15<<4：\qquad\qquad 0000000011110000$$
$$\sim(15<<4)：\qquad 1111111100001111$$

这样可以实现对 c 清 0,而不必计算屏蔽码。

将上面几步结合起来,可以得到:

data＝$\underbrace{\text{data \& }\sim(15<<4)}$|(n & 15)<<4;
　　　(赋给 4～7 位,使之为 0)

n 是应赋给 c 的值(例如 12)。n & 15 的作用是只取 n 的右端 4 位的值,其余各位置 0,即把 n 放到最后 4 位上,(n & 15) << 4 就是将 n 置在 4～7 位上,见下面:

$$\begin{array}{ll} \text{data \& } \sim(15<<4)：& 11011011|0000|1010\\ (\text{n \& }15)<<4：& 00000000|1100|0000\\ \hline (\text{按位或运算})& 11011011|1100|1010 \end{array}$$

可见,data 的其他位保留原状未改变,而第 4～7 位改变为 12(即 1100)了。

但是用以上方法给一个字节中某几位赋值太麻烦了。可以用下面介绍的位段结构体的方法。

(2) 使用位段

C 语言允许在一个结构体中以位为单位来指定其成员所占内存长度,这种以位为单位的成员称为"位段"或称"位域"(bit field)。利用位段能够用较少的位数存储数据。例如:

```
struct Packed_data
  {unsigned a:2;
   unsigned b:2;
   unsigned c:2;
   unsigned d:2;
   short i;
  }data;
```

见图 12.6。其中 a,b,c,d 段分别占 2 位、6 位、4 位、4 位,i 为 short 型,以上共占 4 个字节。也可以使各个位段不恰好占满一个字节。例如:

```
struct Packed_data
  {unsigned a:2;
```

```
        unsigned b:3;
        unsigned c:4;
        short i;
    };
struct Packed_data dats;
```

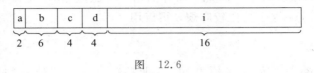

图   12.6

见图 12.7。

图   12.7

其中 a,b,c 共占 9 位,占 1 个字节多,不到 2 个字节,它的后面为 short 型,占两个字节。在 a,b,c 之后 7 位空间闲置不用,i 从另一字节开头起存放。

注意:位段的空间分配方向因机器而异。一般是由右到左进行分配的,如图 12.8 所示。但用户可以不必过问这种细节。

可以直接对位段进行操作。例如可以直接对位段赋值:

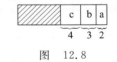

图   12.8

```
data.a=2;
data.b=7;
data.c=9;
```

请注意位段允许的最大值范围。如果写成

```
data.a=8;
```

就错了。因为 data.a 只占两位,最大值为 3。在此情况下,系统会自动取赋予它的数的低位。例如,8 的二进制数形式为 1000,而 data.a 只有 2 位,取 1000 的低 2 位,故 data.a 得值 0。

关于位段的定义和引用,有几点要说明:

(1)声明位段的一般格式为:

类型名　[成员名]:宽度

位段成员的类型可以指定为 unsigned int 或 int 型。"宽度"应是一个整型常量表达式,其值应是非负的,且必须小于或等于指令类型的位长。

(2)对位段组(例如上面的结构体变量 data 在内存中存放时,至少占一个存储单元(即一个机器字,4 个字节),即使实际长度只占一个字节,但也分配 4 个字节。如果想指定某一位段从下一个存储单元(字)存放,可以用以下形式定义:

```
unsigned a: 1;   ⎫
unsigned b: 2;   ⎬   (一个存储单元)
```

```
unsigned：   0；       （表示本存储单元不再存放数据）
unsigned c：3；        （另一存储单元）
```

本来 a,b,c 应连续存放在一个存储单元(字)中,由于用了长度为 0 的位段,其作用是使下一个位段从下一个存储单元开始存放。因此,现在只将 a 和 b 存储在一个存储单元中,c 另存放在下一个单元(上述"存储单元"可能是一个字节,也可能是两个字节,视不同的编译系统而异)。

（3）一个位段必须存储在同一存储单元中,不能跨两个单元。如果第 1 个单元空间不能容纳下一个位段,则该空间不用,而从下一个单元起存放该位段。

（4）可以定义无名位段。例如：

```
unsigned a：1；
unsigned   ：2；（这两位空间不用）
unsigned b：3；
unsigned c：4；
```

见图 12.9。在 a 后面的是无名位段,该空间不用。

图　12.9

（5）位段的长度不能大于存储单元的长度,也不能定义位段数组。

（6）位段中的数可以用整型格式符输出。例如：

```
printf("%d,%d,%d",data.a,data.b,data.c);
```

当然,也可以用%u、%o、%x 等格式符输出。

（7）位段可以在数值表达式中引用,它会被系统自动地转换成整型数。例如：

```
data.a+5/data.b
```

是合法的。

在本章中简要地介绍了有关位运算的知识,读者可以从中了解为什么说 C 语言是贴近机器的语言,以及 C 语言是怎样对二进位操作的。这些知识对有些读者是很需要的。

第 13 章　C 程序案例

在《C 程序设计(第四版)》一书中,为了便于教学,所介绍的例题程序的规模一般都不大。在学完教材的各章内容之后,需要综合应用已学过的知识,编写一些规模稍大、能供实际应用的程序,以提高编程能力。在本章中,介绍 3 个案例供读者参考。这些案例不仅有实用价值,而且对于读者今后编写程序会有很大的帮助。希望读者认真阅读这些程序,并且以此为借鉴,自己编写出类似的或更好的程序。

13.1　案例 1：个人所得税计算

1. 题目要求

输入一个纳税人的个人月收入,计算应纳个人所得税。

目前,我国的个人所得税税率表——(工资、薪金适用)见表 13.1。

表 13.1　我国现行的个人所得税税率表

级数	全月应纳税所得额(元)	税率(%)	速算扣除数(元)
1	不超过 500	5	0
2	500～2000	10	25
3	2000～5000	15	125
4	5000～20000	20	375
5	20000～40000	25	1375
6	40000～60000	30	3375
7	60000～80000	35	6375
8	80000～100000	40	10375
9	超过 100000	45	15375

按照最新的规定,全月应纳税所得额=月收入-1600。

而应纳个人所得税税额的计算公式是:

$$应纳个人所得税税额=应纳税所得额×适用税率-速算扣除数$$

例如某人月收入 8000,减去 1600 元,全月应纳税所得额为 6400 元,应纳个人所得税税额=6400×20%-375=905 元。

2. 题目分析

使用条件语句就能完成程序的编写。但是如果考虑到人们的收入和国家的经济状况是在不断变化的,个人所得税税额计算方法的细节则有可能产生变化。例如,上面公式中的1600是个人所得税的起征点,这个数字就有变化的可能性,有可能变为2000或2500等。程序处理时,可以将该数处理为由用户输入的数值。

又比如,表13.1中表示的全月应纳税所得额、税率和速算扣除数都有可能变化。那么,可以考虑将表中的内容写入一个文件,当数据发生变化时,就修改该文件的内容,而不用修改程序,这对于最终用户来说,是非常方便的。为了方便程序的处理,需要将表13.1略做修改,改为表13.2。

表 13.2　修改后的所得税税率表

区间上限(元)	区间下限(元)	税率(%)	速算扣除数(元)
0	500	5	0
500	2000	10	25
2000	5000	15	125
5000	20000	20	375
20000	40000	25	1375
40000	60000	30	3375
60000	80000	35	6375
80000	100000	40	10375
100000		45	15375

3. 编写程序

针对表13.2,要编写一个程序将这些数据写入一个文件中,程序中需要声明一个结构体类型 strut tan_st,并用 typedef 声明一个类型名 TAX_LIST,用它定义变量,存储表13.2的内容(有关 typedef 声明的用法请参考《C 程序设计(第四版)》第9章)。

```
typedef struct tax_st              //税率表结构体声明
   {int left;                      //区间上限
    int right;                     //区间下限
    double tax;                    //税率
    double deduct;                 //速算扣除数
   } TAX_LIST;
```

首先运行下面的程序将税率表的内容存储到文件 d:\TAX.din 中。程序运行时,从键盘将表13.2的内容输入,程序执行后,将产生文件 d:\TAX.din。

```
#include "stdio.h"
#include "process.h"
#define SIZE 9
typedef struct tax_st              //税率表数据结构定义
{long left;                        //区间上限
 long right;                       //区间下限
```

```
  int tax;                                      //税率
  long deduct;                                  //速算扣除数
}TAX_LIST;
void acceptdata(TAX_LIST tax_list[])
{int i;
  for((i=0;i<SIZE;i++)                          //接收键盘输入的数据
    {printf("Please enter data:");
      scanf("%ld",&tax_list[i].left);           //输入区间上限
      scanf("%ld",&tax_list[i].right);          //输入区间下限
      scanf("%d",&tax_list[i].tax);             //输入税率
      scanf("%ld",&tax_list[i].deduct);         //输入速算扣除数
    }
}
int main()
{
  FILE * fp;
  TAX_LIST tax_list [SIZE];
  if(((fp=fopen("d:\\TAX.din","wb"))==NULL)      //打开文件 TAX.din
    {printf("\ncannot open file\n");
      exit(1);                                   //打开失败退出
    }
  acceptdata(tax_list);                          //调用函数从键盘接收数据
  if(((fwrite(tax_list,sizeof(TAX_LIST),SIZE,fp)!=SIZE)
                                                 //将数组 tax_list 的结构数据一次写入文件
  printf("file write error\n");
  fclose(fp);                                    //关闭文件
  return 0;
}
```

接下来,可以运行下面的程序计算个人所得税额。

```
#include "stdio.h"
#include "process.h"
#define SIZE 9
typedef struct tax_st                            //税率表结构体声明
{long left;                                       //区间上限
  long right;                                     //区间下限
  int tax;                                        //税率
  long deduct;                                    //速算扣除数
}TAX_LIST;
void disp(TAX_LIST tax_list[])
{double salary,s,tax,ff;                          //定义变量
  int i;
  printf("请输入税前扣除数:");                        //提示用户税前扣除数
  scanf("%lf",&ff);
  printf("请输入月收入:");                           //提示用户输入月收入
```

```
        scanf("%lf",&salary);                         //接收用户输入的月收入
        if(salary>=0)                                 //月收入大于0,开始计算
           {
            s=salary-ff;                              //计算全月应纳税所得额
            if(s<=0)
               tax=0;                                 //小于0,税额为0
            else
               {for(i=0;i<8;i++)                       //根据数组内容计算税额
                   {if(s<tax_list[i].right&&s>=tax_list[i].left)
                       tax=s*tax_list[i].tax/100.-tax_list[i].deduct;
                   }
                if(s>=tax_list[8].left)
                    tax=s*tax_list[8].tax/100.-tax_list[8].deduct;
               }
           }
        printf("应纳个人所得税额是%.2lf\n",tax);
    }
    int main()
    {FILE *fp;                                         //定义文件指针
     TAX_LIST tax_list [SIZE];                         //定义结构体数组
     if((fp=fopen("d:\\TAX.din","rb"))==NULL)          //打开文件 TAX.din
        {printf("\ncannot open file\n");
         exit(1);                                      //打开文件失败,退出
        }
     if(fread(tax_list,sizeof(TAX_LIST),SIZE,fp)!=SIZE) //将 SIZE 个结构体一次读入数据区
        {printf("file write error\n");
         exit(1);                                      //读操作失败,退出
        }
     disp(tax_list);                                   //计算税额
     fclose(fp);                                       //关闭文件
     return 0;
    }
```

4. 运行结果

请输入税前扣除数:1600↙
请输入月收入:8000↙
应纳个人所得税额是 905.00

注意:本例通过文件操作存储了税率表,一旦税率表有所改动,可以对文件进行更新,便于用户使用,同时程序也变得简单、易读,只是对于不熟悉文件操作的读者会有一定的难度。如果是这样的话,可以考虑将表 13.2 的数据直接从键盘输入,通过调用 acceptdata 函数将这些数据读入数组中。

下面是调用 acceptdata 的主函数。其中相关的数据定义、acceptdata 函数定义和 disp 函数定义与上面的程序一致。

```
int main()
  { TAX_LIST tax_list [SIZE];          //定义结构体数组
    acceptdata(tax_list);              //接收税率表
    disp(tax_list);                    //计算税额
    return 0;
  }
```

当然,这样修改以后,程序运行时的操作会比较麻烦,每次都要输入税率表,所以还是建议读者尽量学会使用文件操作。

另外,本程序还有改进的余地,表 13.2 中的区间上限和区间下限并不需要都存储,只需要存储区间上限就可以编写程序了。留给读者做练习吧!

13.2 案例 2:学生试卷分数统计

1. 题目要求

作为教师,考试以后对试卷进行分析和研究是必须要做的一个工作,表 13.3 就是某学校要求老师在考试之后填写的一个表格,并要求教师根据考试分数分布情况画出直方图。下面就来解决这个实际问题。

表 13.3 某高校试卷分析表

分 类	项 目	不及格	60~69 分	70~79 分	80~89 分	90~100 分	平均分	标准差
平时成绩	人数	8	6	16	35	11	77.3	15.04
	比例	10.53%	7.89%	21%	46%	14%		
期末成绩	人数	20	11	14	19	12	71.5	19.11
	比例	26%	14%	18%	25%	16%		
总评	人数	12	13	19	19	13	72.6	17.97
	比例	16%	17%	25%	25%	17%		

期末考试卷面及格率:73.68%　　　期末考试卷面最高分:97　　　期末考试卷面最低分:28
总评=平时×20%+考试×80%　　　学生总人数76名

2. 题目分析

(1) 程序运行时,首先必须接收总评成绩的计算比例,因为针对不同的课程,平时成绩和期末考试成绩所占的比例可能不同。

(2) 接收若干同学的平时成绩和期末考试成绩,计算出总评成绩,总评成绩的计算方法是"平时成绩所占比例×平时成绩+期末成绩所占比例×期末成绩"。

(3) 根据考试成绩计算分数段的分布情况,画出直方图。

(4) 计算平时成绩、期末成绩和总评成绩的平均分和标准差,以及期末考试卷面的及格率、最高分和最低分等。

由于针对一个学生有 3 个有关成绩的数据,因此最简单的方法就是使用结构体数组。

本题使用的存储结构如图 13.1 所示。第 1 列为学生的学号,第 2 列为学生的平时成绩,第 3 列为学生的期末成绩,第 4 列为学生的总评成绩。

1	80	90	87
2	70	80	77
3	80	77	66
4	88	69	75
5	99	78	84

图　13.1

本例使用模块化程序思想,将程序分解为几个函数,函数的功能和调用关系如图 13.2 所示。

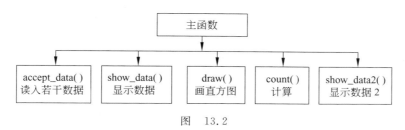

图　13.2

这里需要说明一下标准差的概念:标准差描述一组数据离散程度或个别差异程度。例如,A,B 两班学生各 34 人,其 C 语言考试平均成绩都是 80 分,但甲班最高分数为 98 分,最低 42 分,而乙班最高分数为 86 分,最低 60 分。初步分析,两班考试成绩不一样,A 班学生的成绩个别差异程度大、水平参差不齐,而 B 班学生的成绩个别差异程度小,整齐度大些。标准差就可以刻画一组数据的差异程度,标准差的计算公式是:

$$S = \sqrt{\frac{1}{n}\left[(x_1 - \overline{x})^2 + (x_2 - \overline{x})^2 + \cdots + (x_n - \overline{x})^2\right]},$$

其中,x_i 为某个同学的成绩;$\overline{x}$ 为平均成绩。

在本例中,一个学生的情况可以用一个结构体变量来表示,100 个学生的情况就可以用一个结构体数组来存储了。

3. 编写程序

学生的结构体类型可以用类型定义表示为:

```
typedef struct student          //学生数据结构体声明
{ int number;                   //学号
  int score[3];                 //平时、期末和总评成绩
} STUDENT;
```

其中,number 是学号或是排列序号(可以简单一点)。score 数组表示一个学生的 3 个成绩,score[0] 为平时成绩,score[1] 为期末成绩,score[2] 为总评成绩。

```
# include "stdio. h"
```

```c
#include "string.h"
#include "conio.h"
#include "math.h"
#define SIZE 300
typedef struct student                              //学生数据结构体声明
{ int number;                                       //学号
  int score[3];                                     //平时、期末和总评成绩
} STUDENT;
typedef enum boolen                                 //枚举定义
{ False,True
} FLAG;
int accept_data(STUDENT stu[],int grade[]);         //输入数据函数声明
void show_data(STUDENT stu[],int sum,int grade[]);  //输出所有学生的序号、平时成绩、
                                                    //期末成绩和总评成绩函数说明
void draw(int grade[]);                             //画直方图函数声明
void count(int * max,int * min,double * pass,double ave[],double f[],STUDENT stu[],int sum);
void show_data2(int max,int min,double pass,double ave[],double f[]);
                    //显示期末考试成绩的及格率、最高分、最低分以及平时、期末和总评成绩的
                                                    //平均分和标准差函数说明

int main()
{ int sum,max,min;                                  //数据定义
  double pass=0;
  int grade[11]={0};
  STUDENT stu[SIZE];
  double ave[SIZE],f[SIZE];
  sum=accept_data(stu,grade);                       //输入数据(sum 为总人数)
  show_data(stu,sum,grade);
                        //输出所有学生的序号、平时成绩、期末成绩和总评成绩
  draw(grade);                                      //画模拟直方图
  count(&max,&min,&pass,ave,f,stu,sum);             //计算期末考试成绩的及格率最高分、最低分
                                                    //以及平时、期末和总评成绩的平均分和标准差
  show_data2(max,min,pass,ave,f);
                //显示期末考试成绩的最高分、最低分以及平时、期末和总评成绩的平均分和标准差
  return 0;
}

int accept_data(STUDENT stu[],int grade[])
  { int i=0,sum=0,temp,a1,a2;
    FLAG flag;
    printf("\n 请输入计算总评成绩时使用平时成绩与期末成绩的比例,用整数表示");
    scanf("%d%d",&a1,&a2);                          //接收计算总评成绩的比例
    while(i<SIZE)
    {
    printf("\n 请输入学号:");
    scanf("%d",&stu[i]. number);                    //输入学号
    if (stu[i]. number==-1)                         //序号是-1 则跳出循环
    {sum=i;                                         //sum 记录的是输入的人数
```

```
            break;
        }
        printf("\n 请输入学生的平时成绩和期末成绩:");
        flag＝True;
        while(flag＝＝True)                          //重复读入两个成绩,读到正确的为止
        {scanf("%d%d",&stu[i].score[0], &stu[i].score[1]);
         if(stu[i].score[0]<＝100&& stu[i].score[0]>＝0&&\
            stu[i].score[1]<＝100&& stu[i].score[1]>＝0)
            flag＝False;                             //输入的两个成绩合理
          else
            printf("\n\007 错误数据! 请再次输入学生的平时成绩和期末成绩:");
                                                     //输入的两个成绩不合理
        }
        temp＝(int)(1.0 * a1/100 * stu[i].score[0]＋1.0 * a2/100 * stu[i].score[1]);
                                                     //计算总评成绩
        stu[i].score[2]＝temp;                        //总评成绩存入数组
        temp＝(stu[i].score[1])/10;                   //计算分数段
        if(temp＝＝10)                                //分数段存入数组
            grade[10]＋＋;                            //100 分存入数组元素 grade[10]
        else
            grade[temp＋1]＋＋;                        //90～99 分存入数组元素 grade[9]
                                                     //80～89 分存入数组元素 grade[8]
                                              //70～79 分存入数组元素 grade[7],依次类推
        i＋＋;
    }
    return sum;                                       //返回人数
}


void show_data(STUDENT stu[],int sum,int grade[])
{
 int i,j;
 for(i=0;i<sum;i＋＋)                                  //输出所有学号、平时、期末和总评成绩
 {
  printf("%4d",stu[i].number);                       //输出所有学号
  for(j=0;j<3;j＋＋)                                  //输出 3 个成绩
  printf("%4d ", stu[i].score[j]);
  printf("\n");
 }
 for(i=1;i<＝10;i＋＋)                                 //输出分数的分布情况
    printf(" %d ",grade[i]);
}
void count(int * max,int * min,double * pass,double ave[],double f[],STUDENT stu[],int sum)
{ int i,j, p_sum＝0;
 int total[3];
 double temp;
 * max＝ * min＝stu[0].score[1];                       //设卷面成绩的最高分、最低分初值
 if(stu[0].score[1]>＝60)
```

```
        p_sum++;
    for(i=1;i<sum;i++)
    { if(((stu[i].score[1])> * max)             //若高于最高分,将其覆盖
            * max=stu[i].score[1];
        if((stu[i].score[1]< * min)             //若低于最低分,将其覆盖
            * min=stu[i].score[1];
        if(stu[i].score[1]>=60)
            p_sum++;                            //计算及格的人数
    }
    * pass=(1.0 * p_sum/sum) * 100;             //计算及格率
    for(i=0;i<=2;i++)                           //平时、期末、总评的初值设置为0
        total[i]=0;
    for(j=0;j<3;j++)                            //求平时、期末、总评 3 个总分
        for(i=0;i<sum;i++)
            {
                total[j]=total[j]+stu[i].score[j];
            }
    for(j=0;j<3;j++)                            //求平时、期末、总评 3 个平均分
    { ave[j]=total[j]/sum;
    }
    for(j=0;j<3;j++)                            //求平时、期末、总评标准差
    {f[j]=0;                                    //标准差初值设置为0
      for(i=0;i<sum;i++)                        //计算标准差
        {
            temp=stu[i].score[j]-ave[j];
            f[j]=f[j]+temp * temp;
        }
        f[j]=sqrt(fabs(f[j])/sum);
    }
}


void show_data2(int max,int min, double pass,double ave[],double f[])
                    //输出期末及格率、最高分、最低分以及平时、期末、总评的平均分和标准差
{ int j;
  char str1[3][20]={"平时成绩平均分","期末成绩平均分","总评成绩平均分"};
  char str2[3][20]={" 平时成绩标准差","期末成绩标准差","总评成绩标准差"};
  printf("\n 及格率=%6.2f %% 最高分=%d 最低分=%d\n",pass, max,min);
                                        //输出期末及格率、最高分、最低分
  for(j=0;j<3;j++)
                            //循环 3 次分别输出平时、期末、总评的平均分和标准差
    printf("\n %s=%6.2f %s=%6.2f\n",str1[j],ave[j],str2[j],f[j]);
}


void draw(int grade[])                          //输出模拟直方图
{ int i, j,max,k,temp,x;
  char screen[22][44];                          //定义一个字符型数组,用来表示屏幕的输出
  printf("\n 模拟直方图\n");
```

```
max=0;
for(i=1;i<=10;i++)                              //寻找分数段中人数最多的
    if(grade[i]>max)
        max=grade[i];
for(i=1;i<=10;i++)
{grade[i]=(int)(20.0 * grade[i]/max+0.5);       //计算显示时应该输出的 * 号的个数
}
for(i=0;i<=21;i++)                              //先将输出的所有点清零
for(j=0;j<=41;j++)
    screen[i][j]=0;
//画 x 轴
for(i=0;i<=41;i++)                              //x 轴的所有点设置为符号-
    screen[21][i] = '-';
screen[21][41] = 'X';                           //显示 X 字样
//画 y 轴
screen[0][0] = 'Y';                             //显示 Y 字样
for(i=1; i<=21;i++)                             //y 轴的所有点设置为符号|
    screen[i][0] = '|';

                                                //将符合条件的点(x,y)赋值为星号
k=1;
for(x=1;x<=10;x++,k=k+4)                        //x 控制输出的行,k 控制输出的列
{temp=grade[x];                                 //temp 取分数的值
 if(temp!=0)
    for(i=1;i<=temp;i++)                        //分数不为 0,赋值为星号
    {
        for(j=1;j<=4;j++)                       //该分数段的每行对应 4 个星号
        {screen[20-i+1][j+k]='*';
        }
    }
}

                                                //输出数组,在屏幕上画图
for( i = 0; i <=21; i++)
{for( j = 0; j <=41; j++)
    if(screen[i][j]!=0)                         //数组内容不为 0,输出数组中的内容
        printf("%c",screen[i][j]);
    else
        printf(" ");                            //否则输出空格
    printf("\n");
}
printf(" 0 10 20 30 40 50 60 70 80 90 100\n"); //输出分数段
getch();
}
```

4. 运行结果

例 13.2 运行后产生的结果(模拟直方图由于数据太少不符合正态分布)见图 13.3。
例 13.2 运行正常数据产生的模拟直方图见图 13.4。

```
请输入计算总评成绩时使用平时成绩与期末成绩的比例,用整数表示 30 70
请输入学号:200900001
请输入学生的平时成绩和期末成绩:90 88
请输入学号:200900002
请输入学生的平时成绩和期末成绩:95 96
请输入学号:200900006
请输入学生的平时成绩和期末成绩:77 80
请输入学号:-1
200900001   90   88   88
200900002   95   96   95
200900006   77   80   79
0  0  0  0  0  0  0  0  2  1
模拟直方图
```

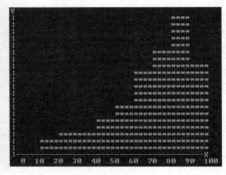

图 13.3   图 13.4

本程序实现的计算与表 13.3 表示的某高校试卷分析表大致相同,个别地方有区别,例如程序中图形的分数分段方法是以 10 分为一档,因为,这样的图形画出来更好看一些,很容易看出是不是正态分布。当然,只要将程序稍加修改,按表 13.3 的分数分段画图也是非常容易的,留给读者作为思考。

另外,有些编译环境有可能不能显示正确的结果,必须使用纯英文的环境。

13.3　案例3：电话订餐信息处理

1. 题目要求

一个小饭馆的生意非常红火,要想用餐必须提前一天打电话预订。假设我们是饭馆负责接受电话预订的服务员,我们需要做些什么呢?首先,需要准备一张大小适当的白纸,等待顾客的电话。李红最先打进了电话,她预约第 2 天中午 12 点用餐,用餐人数 5 人,服务员在纸上做了如下记录:"李红　12 点　5 人";接着,刘娜、汪寒、孙杰和赵军分别来了电话,服务员根据他们的要求做了记录,此时纸上记录的内容是:

李红	12 点	5 人
刘娜	11 点	2 人
汪寒	11 点 50	3 人
孙杰	10 点 10	4 人
赵军	13 点 20	6 人

孙杰随后又来电话,将用餐时间推后一个小时,那么记录的内容也应该做相应的修改。
刘娜来用餐以后,可以将其信息从纸上划去。

下面编写程序处理电话订餐的情况。

2. 题目分析

这是一个小型的管理系统,可以使用结构数组存储订餐的情况。每个结构的数据可以包括姓名、人数、用餐时间等。

为了方便处理,还需要给每个打进电话的客户编个号,就像在饭馆等候用餐时,服务员会发号给客户一样。

3. 编写程序

可以声明以下的结构体类型:

```
struct guest_info {
    char name[8];            //姓名
    int sum;                 //人数
    char time[10];           //用餐时间
    int number;              //编号
}GuestList[MaxSize];
```

程序包括 5 个函数 Insert,Search,Update,Delete 和 Show,分别负责插入、查询、修改、删除和显示数据。一般的信息管理系统都应该具备这几个功能,小型信息管理系统也不例外。

程序采用简单菜单驱动方式,屏幕上显示菜单如下:

1－－－插入(Insert)

2－－－查询(Search)

3－－－修改(Update)

4－－－删除(Delete)

5－－－显示(Show)

6－－－退出(Exit)

完整程序如下:

```
#include ";stdio. h";
#include ";string. h";
#define MaxSize 20
struct guest_info {
    char name[8];                        //姓名
    int sum;                             //人数
```

```
            char time[10];                        //用餐时间
            int number;                           //编号
} GuestList[MaxSize];
void Insert(int * );
void Search(int );
void Update(int);
void Delete(int * );
void Show(int);
int main()
{
  int i;
  int count=0;                                    //count 为计数器,记录已经登记记录个数
  do                                              //显示一个简易菜单
  { printf("\n");
    printf("1———插入(Insert)\n");
    printf("2———查询(Search)\n");
    printf("3———修改(Update)\n");
    printf("4———删除(Delete)\n");
    printf("5———显示(Show)\n");
    printf("6———退出(Exit)\n");
    scanf("%d",&i);                               //接收用户的选择
    switch(i)
    { case 1:Insert(&count);                      //调用插入运算
            break;
      case 2:Search(count);                       //调用查询运算
            break;
      case 3:Update(count);                       //调用修改运算
            break;
      case 4:Delete(&count);                      //调用删除运算
            break;
      case 5:Show(count);                         //调用显示运算
            break;
      case 6:break;
      default:printf("错误选择! 请重选");break;
    }
  } while(i!=6);
  return 0;
}

void Insert(int * count)
{ int i, in_number;
  if( * count==MaxSize)
  { printf("空间已满!");return;}
  printf("请输入编号:");
  scanf("%d",&in_number);
  for(i=0;i< * count;i++)                          //查找符合条件的记录
  if(GuestList[i]. number==in_number)
```

```
    { printf("已经有相同的编号：");return;}
    GuestList[i]. number＝ in_number;                     //接收插入数据
    printf("请输入姓名：");
    scanf("%s",GuestList[i]. name);
    printf("请输入人数：");
    scanf("%d",&GuestList[i]. sum);
    printf("请输入用餐时间：");
    scanf("%s",GuestList[i]. time);
    (＊count)＋＋;
}


void Search(int count)
{ int i,number,flag＝1;                                  //设置一个标记变量
    printf("请输入要查询的编号：");
    scanf("%d",&number);
    for(i＝0;i＜count&&flag;i＋＋)
    if(GuestList[i]. number＝＝number)                    //检索到则输出
    { printf("姓名：%s",GuestList[i]. name);
      printf("人数：%d",GuestList[i]. sum);
      printf("用餐时间：%s",GuestList[i]. time);
      flag＝0;                                            //标记变量值变反
    }
    else
        printf("没有查询到！！");
}


void Update(int count)
{ int i,number, flag＝1;                                 //设置一个标记变量
    printf("请输入要修改数据的编号：");
    scanf("%d",&number);
    for(i＝0;i＜count&&flag;i＋＋)
    if(GuestList[i]. number＝＝number)                    //检索到则修改
    {
      printf("请输入人数：");
      scanf("%d",&GuestList[i]. sum);
      printf("请输入用餐时间：");
      scanf("%s",GuestList[i]. time);
      flag＝0;                                            //标记变量值变反
    }
    else
        printf("没有查询到可以修改的数据！！");
}
void Delete(int ＊count)
{ int i,j,number,flag＝1;                                //设置一个标记变量
    printf("请输入要删除数据的编号：");
    scanf("%d",&number);
    for(i＝0;i＜＊count&&flag;i＋＋)
```

```
        { if(GuestList[i]. number==number)
          { for(j=i;j< * count-1;j++)
                GuestList[j]=GuestList[j+1];
            flag=0;                                      //标记变量值变反
            ( * count)--;
          }
          else
              printf("没有查询到可以删除的数据!!");
        }
}


void Show(int count)                                     //列表显示数据
{ int i;
  printf("\n");
  printf(" 编号 姓名 人数 用餐时间\n");
  for(i=0;i<count;i++)
  { printf("%10d",GuestList[i]. number);                 //显示编号
    printf("%12s",GuestList[i]. name);                   //显示姓名
    printf("%10d",GuestList[i]. sum);                    //显示人数
    printf("%12s\n",GuestList[i]. time);                 //显示用餐时间
  }
}
```

在上面的程序中,客户的订餐信息是存储在一个数组中的。数组是一种处理数据的存储方式,下面用单链表存储这组数据。因为指针是 C 语言的精髓,不能掌握指针的用法,不能说学会了 C 语言。

要建立单链表,首先需要正确的定义每个结点的数据是如何构成的,下面是订餐信息存储在链表中的数据定义。图 13.5 则是示意图,表示链表中有 3 个结点时的情况。

```
typedef struct guest_info {
        char name[8];                    //姓名
        int sum;                         //人数
        char time[10];                   //用餐时间
        int number;                      //编号
        struct guest_info * next;
} GuestLink;
```

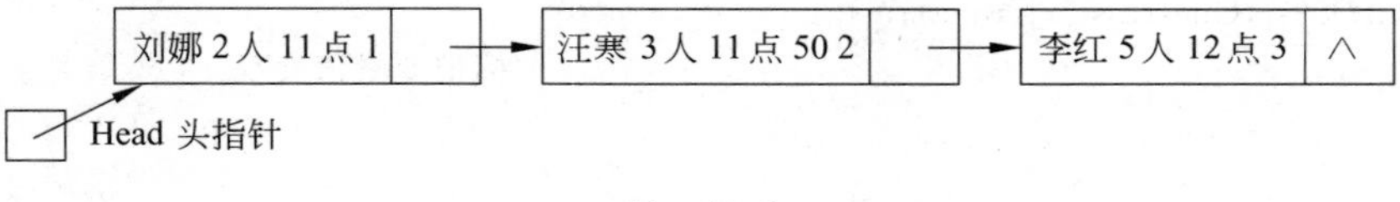

图   13.5

对于单链表,插入、查询、修改、删除和显示也是必须要完成的 5 个操作。曾在前面讨论过有关单链表的操作方式,本例是尝试将有关单链表的操作集中起来,构成一个完整的管理系统,供读者参考和使用。图 13.6 显示程序部分运行情况。

include "stdio. h"

```c
#include "string. h"
#include "stdlib. h"
#define MaxSize 20
typedef struct guest_info
{
  char name[8];                          //姓名
  int sum;                               //人数
  char time[10];                         //用餐时间
  int number;                            //编号
  struct guest_info * next;
} GuestLink, * Pointer;
void Insert(Pointer * Head);             //函数声明
void Search(Pointer Head);
void Update(Pointer Head);
void Delete(Pointer * Head);
void Show(Pointer Head);
int main()
{
  Pointer Head=NULL;                     //定义表头指针
  int i;
  do                                     //显示一个简易菜单
  { printf("\n");
    printf("1---插入(Insert)\n");
    printf("2---查询(Search)\n");
    printf("3---修改(Update)\n");
    printf("4---删除(Delete)\n");
    printf("5---显示(Show)\n");
    printf("6---退出(Exit)\n");
    scanf("%d",&i);                      //接收用户的选择
    switch(i)                            //调用对应的函数
    { case 1:Insert(&Head);
           break;
      case 2: Search(Head);
           break;
      case 3: Update(Head);
           break;
      case 4: Delete(&Head);
           break;
      case 5: Show(Head);
           break;
      case 6: break;
      default:printf("错误选择！请重选");break;
    }
  } while(i!=6);
  return 0;
}
```

```
void Insert(Pointer * Head)                              //插入函数的定义
{ int in_number;
  Pointer p,q,r;                                         //说明变量
  printf("请输入编号：");
  scanf("%d",&in_number);
  p=q= * Head;                                           //查找符合条件的记录
  while(p!=NULL)
  { if(p->number== in_number)                            //找到相同的编号
    { printf("已经有相同的编号：");return;}
    else
    { q=p;p=p->next;}                                    //走链
  }
  r=(Pointer)malloc(sizeof(GuestLink));                  //申请空间
  r->next=NULL;                                          //设置指针域
  if(r==NULL)
  { printf("分配空间失败!");return;}
  if(q==NULL)                                            //原表为空表
  * Head=r;                                              //新结点作为头元素
  else
  { q->next=r;                                           //在表尾插入元素
  }
  r->number=in_number;                                   //接收插入数据
  printf("请输入姓名：");
  scanf("%s", r->name);
  printf("请输入人数：");
  scanf("%d",&r->sum);
  printf("请输入用餐时间：");
  scanf("%s", r->time);
}

void Search(Pointer Head)                                //查找函数的定义
{ int flag=1;                                            //设定标记变量的初值
  int number;
  Pointer p;
  printf("请输入要查询的编号：");
  scanf("%d",&number);
  p=Head;                                                //查找符合条件的记录
  while(p!=NULL&&flag)
  { if(p->number== number)
    { printf("姓名：%s",p->name);
      printf("人数：%d",p->sum);
      printf("用餐时间：%s",p->time);
      flag=0;                                            //找到标记变量设为 0
    }
    else
        p=p->next;                                       //指针走到下一个结点
  }
```

```
      if(flag)
         printf("没有查询到!!");
}


void Update(Pointer Head)                        //修改函数的定义
{ int flag=1;                                    //设定标记变量的初值
  int number;
  Pointer p;
  printf("请输入要修改的编号：");
  scanf("%d",&number);
  p=Head;                                        //查找符合条件的记录
  while(p!=NULL&&flag)
  { if(p->number== number)
    {
      printf("请输入人数：");
      scanf("%d", p->sum);
      printf("请输入用餐时间：");
      scanf("%s", p->time);
      flag=0;
    }
    else
      p=p->next;                                 //指针走到下一个结点
  }
  if(flag)
      printf("没有找到要修改的记录!!");
}


void Delete(Pointer * Head)                      //删除函数的定义
{ int flag=1;
  int number;
  Pointer p,q;
  printf("请输入要删除数据的编号：");
  scanf("%d",&number);
  p=q= * Head;                                   //查找符合条件的记录
  while(p!=NULL&&flag)
  { if(p->number== number)
    {
      if(p== * Head)                             //删除的是表头元素
      { * Head=p->next; free(p);}
        else
        { q->next=p->next; free(p);}             //删除普通元素
        flag=0;
    }
    else
    { q=p; p=p->next;}                           //指针走到下一个结点，
                                                 //q 所指结点为 p 所指结点的前驱
  }
```

```
  if(flag)
  printf("没有找到可以删除的数据!!");
}

void Show(Pointer Head)                              //列表显示数据
{ Pointer p;
  p=Head;
  while(p!=NULL)
  { printf("姓名：%-10s",p->name);
    printf("人数：%-10d",p->sum);
    printf("用餐时间：%-10s",p->time);
    printf("编号：%-10d\n",p->number);
    p=p->next;
  }
}
```

4. 运行结果

运行结果见图 13.6。

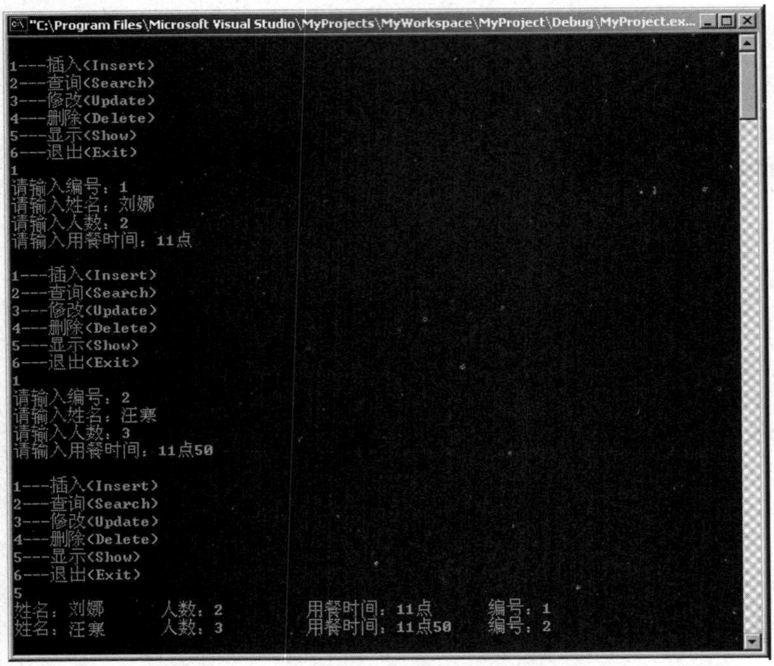

图   13.6

　　如果能够将本例的数据存储到文件中,那么就真正地实现了一个小型的管理信息系统(能将数据存储在磁盘中),请读者参考本章案例 1 中有关文件操作的使用方法对本例进行修改,相信能有很大的收获。

第3部分 C语言程序上机指南

用 C 语言编写的源程序必须经过编译、连接,得到可执行的二进制文件,然后执行这个可执行文件,最后得到运行结果。

C 编译系统不属于 C 语言的一部分,它是由计算机软件开发商开发并销售给用户使用的。不同的软件厂商开发出了不同版本的 C 编译系统,功能大同小异,都可以用来对用户的源程序进行编译、连接与运行。近年来推出的 C 编译系统大都是集成开发环境(Integrated Development Environments, IDE)的,把程序的编辑、编译(含预编译处理)、连接、调试和运行等操作全部集中到一个界面上进行,功能丰富,使用方便,直观易用。

用哪一种编译环境并不是一个原则问题,只要用户感到能满足要求,使用方便即可。在会使用一种编译环境后,再改用另一种编译环境是不会很困难的。

20 世纪 90 年代,Turbo C 2.0 使用比较普遍,Turbo C 2.0 也是一个 C 语言程序集成开发环境,是用菜单进行操作的,由于不能使用鼠标操作,用户感到不方便。因此近年来Turbo C 2.0 已不多使用。许多人用 Turbo C++ 或 Visual C++ 集成环境,既可以在Windows 环境下方便地用鼠标进行操作,又便于以后向 C++ 过渡。

在教学中,一般程序的规模不大,功能相对简单,调试过程不会太复杂,对集成环境的功能要求不是很高,主要应是使用简单方便。因此在本书中着重介绍在 Windows 环境下使用的 Visual C++ 6.0。读者在学习 C 程序设计时也可以不用 Visual C++ 6.0,而选用任意一种 C 编译系统,只要用得好,感到方便即可。

第 14 章 怎样使用 Visual C++ 运行程序

C 源程序可以在 Visual C++ 集成环境中进行编译、连接和运行。现在常用的是Visual C++ 6.0 版本,虽然已有公司推出汉化版,但只是把菜单汉化了,并不是真正的中文版 Visual C++,而且汉化的用语不很准确,因此许多人都使用英文版。本书以Visual C++ 6.0 英文版为背景来介绍 Visual C++ 的上机操作。其实,Visual C++ 的不同版本的上机操作方法是大同小异的,掌握了其中的一种,举一反三,就会顺利地使用其他版本。

14.1 Visual C++ 的安装和启动

如果计算机中未安装 Visual C++ 6.0,则应先安装 Visual C++ 6.0。Visual C++ 是 Visual Studio 的一部分,因此需要找到 Visual Studio 的光盘,执行其中的 setup. exe,并按屏幕上的提示进行安装即可。

安装结束后,在 Windows 的"开始"菜单的"程序"子菜单中就会出现 Microsoft Visual Studio 子菜单。

在需要使用 Visual C++ 时,只需从桌面上顺序选择"开始"→"程序"→Microsoft Visual Studio→Visual C++ 6.0 即可,此时屏幕上在短暂显示 Visual C++ 6.0 的版权页后,出现 Visual C++ 6.0 的主窗口,如图 14.1 所示。

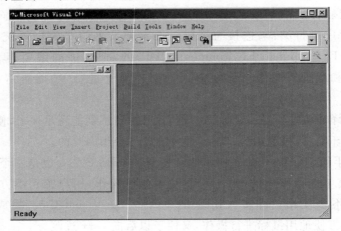

图　14.1

也可以先在桌面上建立 Visual C++ 6.0 的快捷方式的图标,这样在需要使用 Visual C++ 时只须双击桌面上的该图标即可,此时屏幕上会弹出如图 14.1 所示的 Visual C++ 主窗口。

在 Visual C++ 主窗口的顶部是 Visual C++ 的主菜单栏。其中包含 9 个菜单项: File (文件)、Edit(编辑)、View(查看)、Insert(插入)、Project(项目)、Build(构建)、Tools(工具)、Window(窗口)、Help(帮助)。

以上各项在括号中的是 Visual C++ 6.0 中文版中的中文显示,以使读者在使用 Visual C++ 6.0 中文版时便于对照。

主窗口的左侧是项目工作区窗口,右侧是程序编辑窗口。工作区窗口用来显示所设定的工作区的信息,程序编辑窗口用来输入和编辑源程序。

14.2 输入和编辑源程序

先介绍最简单的情况,即程序只由一个源程序文件组成,即单文件程序(有关对多文件程序的操作在本章的稍后介绍)。

14.2.1 新建一个 C 源程序的方法

如果要新建一个 C 源程序,可采取以下的步骤:

在 Visual C++ 主窗口的主菜单栏中选择 File(文件),然后在其下拉菜单中选择 New (新建),如图 14.2 所示。

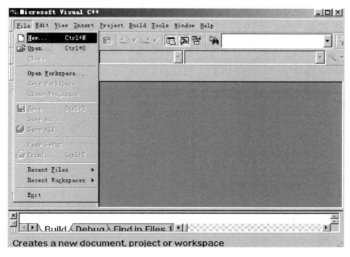

图　14.2

屏幕上出现一个 New(新建)对话框(如图 14.3 所示)。选择此对话框的左上角的 Files (文件)选项卡,其中有 C++ Source File 选项,表示这项的功能是建立新的 C++ 源程序文件。由于 Visual C++ 6.0 既可以用于处理 C++ 源程序,也可以用于处理 C 源程序,因此,选择 C++ Source File 选项。然后在对话框右半部分的 Location(目录)文本框中输入准备编辑的源程序文件的存储路径(今假设为 D:\CC),表示准备编辑的源程序文件将存放在 D:\CC 子目录下。在右上方的 File(文件)文本框中输入准备编辑的源程序文件的名字(今输入 c1_1.c)。表示要建立的是 C 源程序,这样,即将进行输入和编辑的源程序就以 c1_1.c 为文件名存放在 D 盘的 CC 目录下。当然,读者完全可以指定其他路径名和文件名。

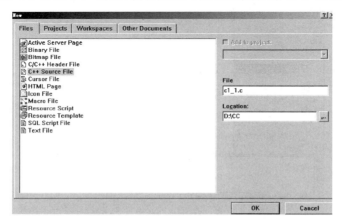

图　14.3

注意我们指定的文件名后缀为.c,如果输入的文件名为 c1_1.cpp,则表示要建立的是 C++ 源程序。如果不写后缀,系统会默认指定为C++ 源程序文件,自动加上后缀.cpp。

在单击 OK 按钮后,回到 Visual C++ 主窗口,由于在前面已指定了路径(D:\CC)和文件名(c1_1.c),因此在窗口的标题栏中显示出 D:\CC\c1_1.c。可以看到光标在程序编辑窗口闪烁,表示程序编辑窗口已激活,可以输入和编辑源程序了。输入教材第 1 章中的例 1.1 程序,如图 14.4 窗口中所示。在输入过程中我们故意出现些错误。如用户能及时发现错误,可以利用全屏幕编辑方法进行修改编辑。在图 14.4 的最下部的中间,显示了 Ln 6,Col 2,表示光标当前的位置在第 6 行第 2 列,当光标位置改变时,显示的数字也随之改变。在对程序进行编辑时,这个显示是有用的。

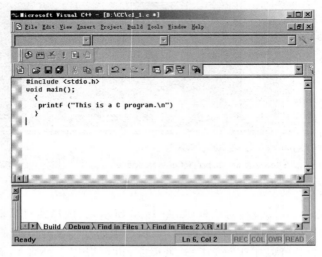

图　14.4

如果经检查无误,则将源程序保存在前面指定的文件中,方法是:在主菜单栏中选择 File(文件),并在其下拉菜单中选择 Save(保存)项,如图 14.5 所示。

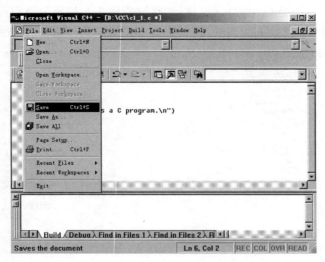

图　14.5

也可以用 Ctrl＋S 快捷键来保存文件。

如果不想将源程序存放到原先指定的文件中，可以不选择 Save 项，而选择 Save As(另存为)项，并在弹出的 Save As(另存为)对话框中指定文件路径和文件名。

14.2.2 打开一个已有的程序

如果你已经编辑并保存过 C 源程序，而希望打开你所需要的源程序文件，并对它进行修改，方法是：

(1) 在"Windows 资源管理器"或"我的电脑"中按路径找到已有的 C 程序名(如 c1_1.c)。

(2) 双击此文件名，则自动进入了 Visual C++ 集成环境，并打开了该文件，程序显示在编辑窗口中。也可以选择 File→Open 菜单或按 Ctrl＋O 快捷键，或单击工具栏中的 Open 小图标来打开 Open 对话框，从中选择所需的文件。

(3) 如果在修改后，仍保存在原来的文件中，可以选择 File(文件)→Save(保存)，或用 Ctrl＋S 快捷键或单击工具栏中的小图标来保存文件。

14.2.3 通过已有的程序建立一个新程序的方法

如果已经编辑并保存过 C 源程序(而不是第一次在该计算机上使用 Visual C++)，则可以通过一个已有的程序来建立一个新程序，这样做比重新输入一个新文件省事，因为可以利用原有程序中的部分内容。方法是：

(1) 打开任何一个已有的源文件(例如 c1_1.c)。

(2) 利用该文件修改成新的文件，然后通过 File(文件)→Save As(另存为)将它以另一文件名另存(如以 c1_2.c 名字另存)，这样就生成了一个新文件 c1_2.c。

用这种方法很方便，但应注意在保存新文件时，不要错用 File→Save(保存)操作，否则原有文件(c1_1.c)的内容就被修改了。

14.3 编译、连接和运行

14.3.1 程序的编译

在编辑和保存了源文件(如 c1_1.c)以后，若需要对该源文件进行编译，选择主菜单栏中的 Build(编译)，在其下拉菜单中选择 Compile c1_1.c(编译 c1_1.c)项，如图 14.6 所示。由于建立(或保存)文件时已指定了源文件的名字 c1_1.c，因此在 Build 菜单的 Compile 项中就自动显示了当前要编译的源文件名 c1_1.c。

在选择编译命令后，屏幕上出现一个对话框，内容是 This build command requires an active project workspace，Would you like to creat a default project workspace? (此编译命令要求一个有效的项目工作区，你是否同意建立一个默认的项目工作区)，如图 14.7 所示。单击是(Y)按钮，表示同意由系统建立默认的项目工作区，然后开始编译。

也可以不用选择菜单的方法，而用 Ctrl＋F7 快捷键来完成编译。

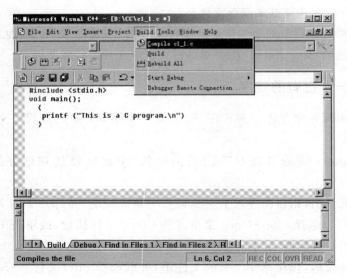

图 14.6

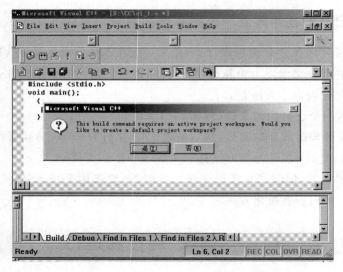

图 14.7

　　在进行编译时,编译系统检查源程序中有无语法错误,然后在主窗口下部的调试信息窗口输出编译的信息,如果有错,就会指出错误的位置和性质,如图 14.8 所示。

14.3.2　程序的调试

　　程序调试的任务是发现和改正程序中的错误,使程序能正常运行。编译系统能检查出程序中的语法错误。语法错误分为两类:一类是致命错误,以 error 表示,如果程序中有这类错误,就通不过编译,无法形成目标程序,更谈不上运行了;另一类是轻微错误,以 warning(警告)表示,这类错误不影响生成目标程序和可执行程序,但有可能影响运行的结果,因此也应当改正,使程序既无 error,又无 warning。

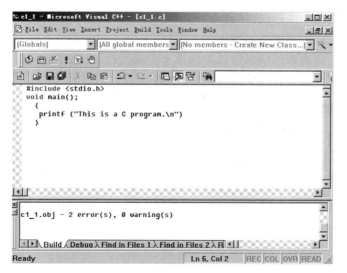

图　14.8

在图 14.8 中的调试信息窗口中可以看到编译的信息,指出源程序有 2 个 error 和 0 个 warning。单击调试信息窗口中右侧的向上箭头,可以看到出错的位置和性质,如图 14.9 所示。

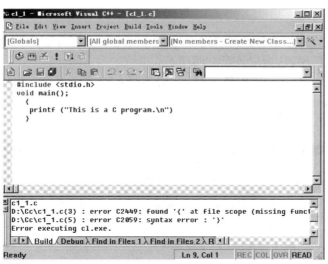

图　14.9

从图 14.9 下部调试信息窗口所示的信息中可以看到:第 3 行有致命错误,错误的性质是:found '{' at file scope(missing functionheader?),意思是:在文件作用域发现了"{", 但没有函数首部。检查图 14.8 中的程序,发现第 2 行末多加了一个分号,因此,编译系统认为它不是函数首部,"{"不属于 main 函数,所以出错。还有,第 5 行也出错,错误的性质是: syntax error:'}',意思是:在"}"处出现语法错误。经查程序,发现第 4 行末漏写了分号。有读者可能要问:明明是第 4 行有错,怎么在报错时说成是第 5 行有错呢?这是因为 C 允许将一个语句分写成几行,因此检查完第 4 行末尾无分号时还不能判定该语句有错,必须再检查下一行,直到发现第 5 行的"}"前没有分号(;),才判定出错。因此在第 5 行报错。所以在分析编译报错信息时,应检查出错点的上下行。

现在进行改错,双击调试信息窗口中的第 1 个报错行,这时在程序窗口中出现一粗箭头指向被报错的程序行(第 3 行),提示改错位置,如图 14.10 所示。

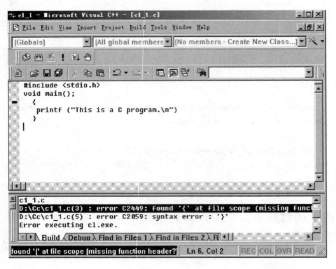

图　14.10

将第 2 行末尾的分号删去。再用同样的方法找到第 2 个出错位置,在第 4 行末尾加上分号。再仔细阅读程序,认为应该没有问题了。

再选择 Compile c1_1.c 项重新编译,此时编译信息告诉我们：0 error(s),0 warning(s),既没有致命错误(error),也没有警告性错误(warning),编译成功,这时产生一个c1_1.obj 文件,见图 14.11 中的下部调试信息窗口。

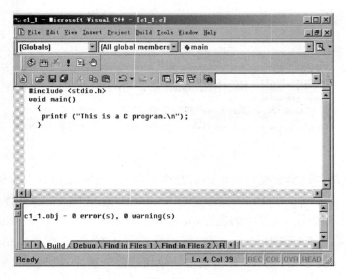

图　14.11

14.3.3 程序的连接

在得到目标程序后,就可以对程序进行连接了。由于刚才已生成了目标程序c1_1.obj,编译系统据此确定在连接后应生成一个名为 c1_1.exe 的可执行文件,在菜单中显示了此文件名。此时应选择 Build(构建)→Build c1_1.exe(构建 c1_1.exe),如图 14.12 所示。

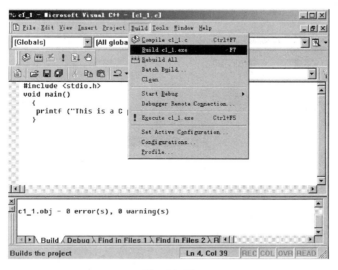

图　14.12

在完成连接后,在调试信息窗口中显示连接时的信息,说明没有发现错误,生成了一个可执行文件 c1_1.exe,见图 14.13 下部窗口。

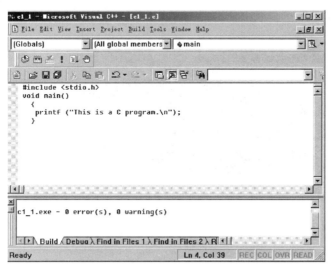

图　14.13

以上介绍的是分别进行程序的编译与连接,也可以选择菜单 Build→Build(或按F7 键)一次完成编译与连接。对于初学者来说,还是提倡分步进行程序的编译与连接,因为程序出错的机会较多,最好等到上一步完全正确后才进行下一步。对于有经验的程序员来说,在对程序比较有把握时,可以一步完成编译与连接。

14.3.4 程序的执行

在得到可执行文件 cl_1.exe 后,就可以直接执行 cl_1.exe 了。选择 Build→!Execute cl_1.exe(执行 cl_1.exe),如图 14.14 所示。

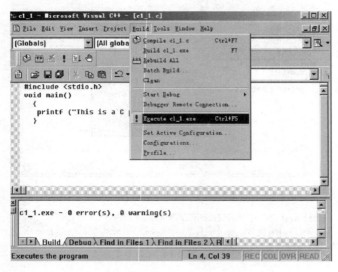

图　14.14

在单击"! Execute cl_1.exe"项后,即开始执行 cl_1.exe。也可以不通过选择菜单,而用 Ctrl+F5 快捷键来实现程序的执行。程序执行后,屏幕切换到输出结果的窗口,显示出运行结果,如图 14.15 所示。

图　14.15

可以看到,在输出结果的窗口中的第 1 行是程序的输出:

This is a C program.

然后换行。

第 2 行 Press any key to continue 并非程序所指定的输出,而是 Visual C++ 在输出完运行结果后由 Visual C++ 6.0 系统自动加上的一行信息,通知用户:"按任何一键以便继续"。当你按下任何一键后,输出窗口消失,回到 Visual C++ 的主窗口,此时可以继续对源程序进行修改补充或进行其他的工作。

如果已完成对一个程序的操作,不再对它进行其他处理,应当选择 File(文件)→Close Workspace(关闭工作区),以结束对该程序的操作。

14.4　建立和运行包含多个文件的程序的方法

上面介绍的是最简单的情况,一个程序只包含一个源程序文件。如果一个程序包含多个源程序文件(如教材第 7 章例 7.20),则需要建立一个项目文件(project file),在这个项目文件中包含多个文件(包括源文件和头文件)。项目文件是放在项目工作区中的,因此还要建立项目工作区。在编译时,系统会分别对项目文件中的每个文件进行编译,然后将所得到的目标文件连接成为一个整体,再与系统的有关资源连接,生成一个可执行文件,最后执行这个文件。

在实际操作时有两种方法:一种是由用户建立项目工作区和项目文件;另一种是用户只建立项目文件而不建立项目工作区,由系统自动建立项目工作区。

14.4.1　由用户建立项目工作区和项目文件

(1) 先用前面介绍过的方法分别编辑好同一程序中的各个源程序文件,并存放在自己指定的目录下,例如教材第 7 章例 7.20 程序包含 file1.c、file2.c、file3.c 和 file4.c 共 4 个源文件,并已把它们保存在 D:\CC 子目录下。

(2) 建立一个项目工作区。在如图 14.1 所示的 Visual C++ 主窗口中选择 File(文件)→New(新建),在弹出的 New(新建)对话框中选择上部的选项卡 Workspace(工作区),表示要建立一个新的项目工作区。在对话框中右部 Workspace name(工作区名字)文本框中输入你指定的工作区的名字(如 ws1)。在 Location(位置)文本框中输入指定的文件目录(如 D:\CC,也可以指定为其他目录),如图 14.16 所示。

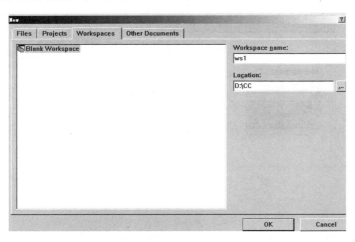

图　14.16

然后单击右下部的 OK 按钮。此时返回 Visual C++ 主窗口。

(3) 建立项目文件。选择 File(文件)→New(新建),在弹出的 New(新建)对话框中选择上部的选项卡 Projects(项目,中文 Visual C++ 把它译为"工程"),表示要建立一个项目文件,如图 14.17 所示。

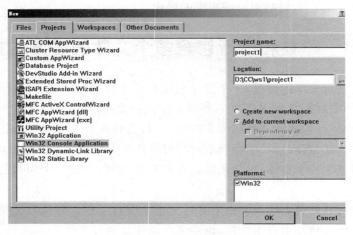

图　14.17

　　在对话框中左部的列表中选择 Win 32 Console Application 项,并在右部的 location(位置)文本框中输入项目文件的位置(即文件路径,现在输入 D:\CC),在 Project name(中文界面中显示为"工程")文本框中输入指定的项目文件名,现在输入 project1。选中窗口右部单选钮 Add to current workspace(添加至现有工作区),表示新建的项目文件是放到刚才建立的当前工作区(WS1)中的。此时,Location 栏中内容自动变为 D:\CC\ws1\project1,表示已确认项目文件 project1 存放在工作区 ws1 中,然后单击 OK(确定)按钮,此时弹出一个如图 14.18 所示的对话框。在其中选中 An empty project. 单选钮,表示新建立的是一个空的项目,单击 Finish(完成)按钮,系统弹出一个 New Project Information(新建工程信息)对话框(图 14.19),显示了刚才建立的项目的有关信息。

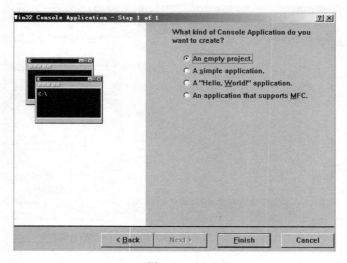

图　14.18

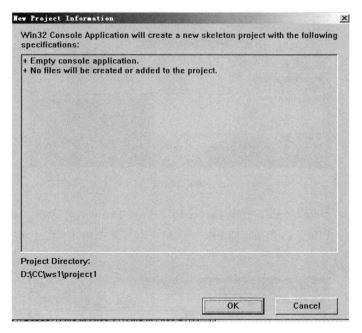

图 14.19

在其下方可以看到项目文件的位置(文件路径为 D:\CC\ws1\project1),确认后单击 OK(确定)按钮。此时又回到 Visual C++ 主窗口,可以看到:左部窗口中有一个 Workspace 窗口,单击其中的 File View 选项卡,窗口内显示:Workspace 'ws1': 1 project(s),表示工作区 ws1 中有一个项目文件,其下一行为 project1 files,表示项目文件 project1 中的文件,现在为空,如图 14.20 所示。

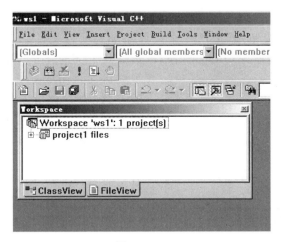

图 14.20

(4) 将源程序文件放到项目文件中。方法是:在 Visual C++ 主窗口中选择 Project(工程)→ Add To Project(添加到项目中,在中文界面上显示为"添加工程")→Files,如图 14.21 所示。

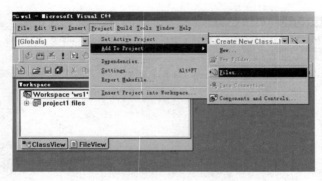

图　14.21

在选择 Files 命令后，屏幕上出现 Insert Files into Project 对话框。在上部的列表框中按路径找到源文件 File1.c，File2.c，File3.c 和 File4.c 所在的子目录，并选中 File1.c，File2.c，File3.c 和 File4.c，如图 14.22 所示。

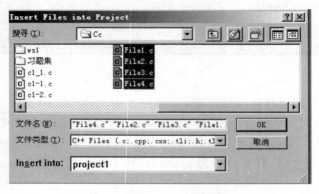

图　14.22

单击 OK（确定）按钮，就把这 4 个文件添加到项目文件 project1 中了。此时，回到 Visual C++ 主窗口，再观察 Workspace 窗口，选择其下部的 File View 选项卡，窗口内显示

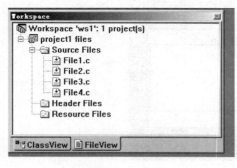

图　14.23

了项目文件 project1 中包含文件的情况，如图 14.23 所示。可以看到：project1 中包含了源程序 File1.c，File2.c，File3.c 和 File4.c。

（5）编译和连接项目文件。由于已经把 File1.c，File2.c，File3.c 和 File4.c 添加到项目文件 project1 中，因此只须对项目文件 project1 进行统一的编译和连接。方法是：在 Visual C++ 主窗口中选择 Build（编译）→ Build　project1.exe（构件 project1.exe），如图 14.24 所示。

在选择 Build project1.exe 后，系统对整个项目文件进行编译和连接，在窗口的下部会显示编译和连接的信息。如果程序有错，会显示出错信息；如果无错，会生成可执行文件 project1.exe。

图 14.24

（6）执行可执行文件。选择 Build（编译）→ Execute project1.exe（执行 project1.exe），就执行 project1.exe，在运行时输入所需的数据，如图 14.25 所示。

图 14.25

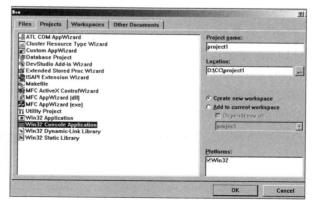

图 14.26

14.4.2 用户只建立项目文件

上面介绍的方法是先建立项目工作区，再建立项目文件，步骤比较多。可以采取简化的方法，即用户只建立项目文件，而不建立项目工作区，由系统自动建立项目工作区。

在本方法中，保留 14.4.1 节中介绍的第（1）、（4）、（5）、（6）步，取消第（2）步，修改第（3）步。具体步骤如下：

（1）分别编辑好同一程序中的各个源程序文件。同 14.4.1 节中的第（1）步。

（2）建立一个项目文件（不必先建立项目工作区）。

在 Visual C++ 主窗口中选择 File（文件）→New（新建），在弹出的 New（新建）对话框中选择上部的选项卡 Projects(工程)，表示要建立一个项目文件，如图 14.26 所示。在对话框中左部的列表中选择 Win32 Console Application 项，在 Project name(工程)文本框中输入指定的项目文件名(project1)。可以看到：在右部的中间的单选钮处默认选定了 Create new workspace(创建新工作区)，这是由于用户未指定工作区，系统会自动开辟新工作区。

单击 OK(确定)按钮，出现如图 14.18 所示的 Win32 Console Application-step 1 of 1 对话框，选择右部的单选钮 An empty project.，单击 Finish(完成)按钮后出现 New Project Information(新建工程信息)消息框，如图 14.27 所示。

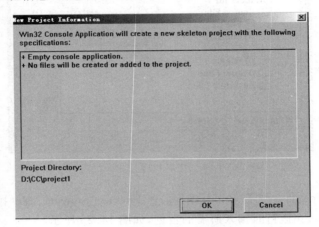

图　14.27

从它的下部可以看到项目文件的路径（中文 Visual C++ 中显示为"工程目录"）为 D:\CC\project1。单击 OK(确定)按钮，在弹出的 Visual C++ 主窗口中的 Workspace 窗口的下方单击 File View 按钮，窗口中显示 Workspace 'project1'：1 project(s)，如图 14.28 所示。说明系统已自动建立了一个工作区，由于用户未指定工作区名，系统就将项目文件名 project1 同时作为工作区名。

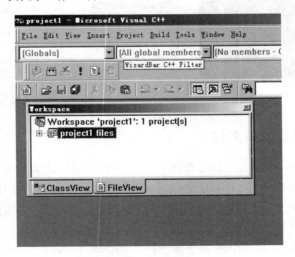

图　14.28

（3）向此项目文件添加内容。步骤与 14.4.1 节方法中的第(4)步相同。

（4）编译和连接项目文件。步骤与 14.4.1 节方法中的第(4)步相同。

（5）执行可执行文件。步骤与 14.4.1 节方法中的第(6)步相同。

显然，这种方法比前面的方法简单一些。

在介绍单文件程序时，为了尽量简化手续，没有建立工作区，也没有建立项目文件，而是直接建立源文件。实际上，在编译每一个程序时都需要一个工作区，如果用户未指定，系统会自动建立工作区，并赋予它一个默认名（此时以文件名作为工作区名）。

第4部分 上机实践指导

学习 C 程序设计,必须十分重视实践环节。写出了源程序只完成了一半的工作,还必须上机调试程序、运行程序,得到结果,分析结果,还要知道怎样进行程序的测试。这些都是程序设计人员的基本功。

第 15 章介绍程序调试与测试的基本知识。第 16 章介绍怎样进行上机实践,第 17 章介绍实验的具体安排。

第 15 章 程序的调试与测试

15.1 程序的调试

所谓程序调试是指对程序的查错和排错。调试程序一般应经过以下几个步骤。

(1) 先进行**静态检查**。在写好或输入一个源程序后,不要立即进行编译,而应对程序进行人工检查。这一步是十分重要的,它能发现程序设计人员由于疏忽而造成的多数错误。而这一步骤往往容易被人忽视。有人往往在写好一个程序后,自己都不看一下,就进行编译,把检查程序、发现错误的工作推给编译系统去做,这不是一个好的习惯,不仅多占用了计算机时间,而且,作为一个程序人员应当养成严谨的科学作风,每一步都要严格把关,不把问题留给后面的工序。

为了更有效地进行人工检查,所编的程序应注意力求做到以下几点:①应当采用结构化程序方法编程,以增加可读性;②尽可能多加注释,以帮助理解每段程序的作用;③在编写复杂的程序时,不要将全部语句都写在 main 函数中,而要多利用函数,用一个函数来实现一个单独的功能。这样既易于阅读也便于调试,各函数之间除用参数传递数据这一渠道以外,数据间尽量少出现耦合关系,便于分别检查和处理。

(2) 在静态检查无误后,可以开始进行程序的调试。由编译系统进行检查、发现错误,称**动态检查**。在编译时会给出语法错误的信息(包括哪一行有错以及错误类型),可以根据提示的信息具体找出程序中出错之处并改正之。应当注意的是:有时提示的出错行并不是真正出错的行,如果在提示出错的行上找不到错误的话应当到上一行再找。

另外,有时提示出错的类型并非绝对准确,由于出错的情况繁多而且各种错误互有关联,因此要善于分析,找出真正的错误,而不要只从字面意义上死抠出错信息,钻牛角尖。

如果系统提示的出错信息多,应当从上到下逐一改正。有时显示出一大片出错信息往往使人感到问题严重,无从下手。其实可能只有一两个错误。例如,对所用的变量未定义,编译时就会对所有含该变量的语句发出出错信息,只要加上一个变量定义,所有错误就都消除了。

(3) 在改正语法错误(包括"错误"(error)和"警告"(warning))后,程序经过连接(link)就得到可执行的目标程序。运行程序,输入程序所需数据,就可得到运行结果。应当对运行结果作分析,看它是否符合要求。有的初学者看到输出运行结果就认为没问题了,不作认真分析,这是危险的。

有时,数据比较复杂,难以立即判断结果是否正确。可以事先考虑好一些"试验数据",输入这些数据可以得出容易判断正确与否的结果。例如,解方程 $ax^2+bx+c=0$,输入 a,b,c 的值分别为 $1,-2,1$ 时,方程的根 x 的值是 1。这是容易判断的,若根不等于 1,程序显然有错。

(4) 运行结果不对,大多属于逻辑错误。对这类错误往往需要仔细检查和分析才能发现。

① 将程序与流程图(或伪代码)仔细对照,如果流程图是正确的话,程序写错了,是很容易发现的。例如,复合语句忘记写花括号,只要一对照流程图就能很快发现。

② 如在程序中没有发现问题,就要检查流程图有无错误,即算法有无问题,如有则改正之,接着修改程序。

(5) 有时有的错误很隐蔽,在纸面上难以查出,此时可以采用以下办法利用计算机帮助查出问题所在。

① 取"分段检查"的方法。在程序不同位置设几个 printf 语句,输出有关变量的值,以检查是否正常。逐段往下检查,直到找到在某一段中数据不对为止。这时就已经把错误局限在这一段中了。不断缩小"查错区",就可能发现错误所在。

② 可以用"条件编译"指令进行程序调试。上面已说明,在程序调试阶段,往往要增加若干个 printf 语句检查有关变量的值。在调试完毕后,可以用条件编译指令,使这些语句行不被编译,当然也不会被执行。本书第 11 章中介绍了怎样使用条件编译指令,下面简单介绍怎样使用这种方法:

```
＃define DEBUG 1                              //将标识符 DEBUG 定义为 1
     ：
＃ifdef DEBUG                                 //如果标识符 DEBUG 已被定义过
    printf("x=％d,y=％d,z=％d\n",x,y,z);      //输出 x,y,z 的值
＃endif                                       //条件编译作用结束
     ：
```

最后 3 行的作用是:如果标识符 DEBUG 已被定义过(不管定义的是什么值),在程序编择时,包含在 ＃ifdef 和 ＃endif 两行当中的 printf 语句正常地被编译。现在,第 1 行已有"＃define DEBUG 1",即标识符 DEBUG 已被定义过,所以当中的 printf 语句按正常情况进行编译,在运行时输出 x,y,z 的值,以便检查数据是否正确。在调试结束后,不需要这个 printf 语句了,只须把第 1 行"＃define DEBUG 1"删掉,再进行编译,由于此时标识符 DEBUG 未被定义过,因此不对当中的 printf 语句进行编译并执行,不输出 x,y,z 的值。在一个程序中可以在多处作这样的指定。只须在最前面用一个 ＃define 命令进行"统一控制",如同一个"开关"一样。用"条件编译"方法,不需要逐一删除这些 printf 语句,使用起来

方便,调试效率高。

上面用 DEBUG 作为控制的标识符,但也可以用其他任何一个标识符,如用 A 代替 DEBUG 也可以。此处用 DEBUG 是为了"见名知意",从中可清楚地知道这是为了调试程序而设的。

③ 有的系统还提供 dedug(调试)工具,跟踪流程并给出相应信息,使用更为方便,请查阅有关手册。

总之,程序调试是一项细致深入的工作,需要下功夫,动脑子,善于积累经验。在程序调试过程中往往反映出一个人的调试水平、经验和科学态度。希望读者能给予足够的重视。上机调试程序的目的绝不是为了"验证程序的正确性",而是"掌握调试的方法和技术"。

15.2 程序错误的类型

为了帮助读者调试程序和分析程序,下面简单介绍程序出错的种类:

(1) **语法错误**。即不符合 C 语言的语法规定,例如将 printf 错写为 pintf、括号不匹配、语句最后漏了分号等。在程序编译时要对程序中每行作语法检查,凡不符合语法规定的都要发出"出错信息"。

"出错信息"有两类:一类是"致命错误(error)",不改正是不能通过编译的,也不能产生目标文件.obj,因此无法继续进行连接以产生可执行文件.exe。必须找出并改正。

对一些在语法上有轻微毛病或可能影响程序运行结果精确性的问题(如定义了变量但始终未使用、将一个双精度数赋给一个单精度变量等),编译时发出"警告(warning)"。有"警告"的程序一般能够通过编译,产生.obj 文件,并可通过连接产生可执行文件,但可能会对运行结果有些影响。例如:

```
float a,b,c,aver;
a=87.5;
b=64.6;
c=89.0;
aver=(a+b+c)/3.0;
```

在编译时,会指出有 4 个警告(warning),分别在第 2,3,4,5 行,Visual C++ 6.0 给出的警告信息是:"truncation from 'const double' to 'float'"(数据由双精度常数传送到 float 变量时会出现截断)。因为编译系统把实数都作为双精度常量处理,而把一个双精度常数传送到 float 变量时就有可能由于数据截断而产生误差。这些警告是对用户善意的提醒,如果用户考虑到要保证较高的精度,可以把变量改为 double 类型,如果用户认为 float 类型变量提供的精度已足够,则不必修改程序,而继续进行连接和运行。

归纳起来,对程序中所有导致"错误(error)"的因素必须全部排除,对"警告(warning)"则要认真对待,具体分析。当然,做到既无错误又无警告最好,而有的警告并不说明程序有错,可以不处理。

(2) **逻辑错误**。程序并无违背语法规则,也能正常运行,但程序执行结果与原意不符。这是由于程序设计人员设计的算法有错或编写程序有错,通知给系统的指令与解题的原意不相同,即出现了逻辑上的错误。例如,在主教材第 11 章列出的第 11 种错误:

```
sum=0;
i=1;
while(i<=100)
    sum=sum+i;
    i++;
```

语法并无错误。但由于缺少花括号,while 语句的范围只包括到"sum=sum+i;",而不包括"i++;"。通知给系统的信息是当 i≤100 时,执行"sum=sum+i;",而 i 的值始终不变,形成一个永不终止的"死循环"。C 系统无法辨别程序中这个语句是否符合程序编写者的原意,而只能忠实地执行这一指令。

又如,求

s=1+2+3+…+100

如果写出以下语句:

```
for(s=0,i=1;i<100;i++)
    s=s+i;
```

语法没有错,但求出的结果是 1+2+3+…+99 之和,而不是 1+2+3+…+100 之和,原因是少执行了一次循环。这种错误在程序编译时是无法检查出来的,因为语法是正确的。计算机无法知道程序编制者是想累加 100 个数,还是想累加 99 个数,只能按程序执行。

这类错误属于程序逻辑方面的错误,可能是在设计算法时出现的错误,也可能是算法正确而在编写程序时出现疏忽所致。需要认真检查程序和分析运行结果。如果是算法有错,则应先修改算法,再改程序。如果是算法正确而程序写得不对,则直接修改程序。

又如有以下程序:

```
#include <stdio.h>
int main ( )
{ int a=3,b=4,aver;
  scanf("%d %d",a,b);
  aver=(a+b)/2.0;
  printf("%d\n",aver);
  return 0;
}
```

编写者的原意是先对 a 和 b 赋初值 3 和 4,然后通过 scanf 函数向 a 和 b 输入新的值。有经验的人一眼就会看出 scanf 函数写法不对,漏了地址符 &,应该是

```
scanf("%d %d",&a,&b);
```

但是,这个错误在程序编译时是检查不出来的,也不输出"出错信息"。程序能通过编译,也能运行。这是为什么呢? 如果按正确的写法"scanf("%d %d",&a,&b);",其含义是:把用户从键盘输入的一个整数送到变量 a 的地址所指向的内存单元。如果变量 a 的地址是1020,则把用户从键盘输入的一个整数送到地址为 1020 的内存单元中,也就是把输入的数赋给了变量 a。

如果写成"scanf("%d %d",a,b);",编译系统是这样理解和执行的:把用户从键盘输入

的一个整数送到变量 a 的值所指向的内存单元。如果 a 的值为 3,则把用户从键盘输入的数送到地址为 3 的内存单元中。显然,这不是变量 a 所在的单元,而是一个不可预料的单元。这样就改变了该单元的内容,有可能造成严重的后果,是很危险的。

这种错误比语法错误更难检查。要求程序员有较丰富的经验。

因此,不要认为只要通过编译的程序一定就没有问题。除了需要仔细反复地检查程序外,在程序运行时一定要注意运行情况。像上面这个程序运行时会出现异常,应及时检查出原因,并加以修正。

(3) **运行错误**。有时程序既无语法错误,又无逻辑错误,但程序不能正常运行或结果不对。多数情况是数据不对,包括数据本身不合适以及数据类型不匹配。如有以下程序:

```c
#include <stdio.h>
void main()
  { int a,b,c;
    scanf("%d,%d",&a,&b);
    c=a/b;
    printf("%d\n",c);
  }
```

当输入的 b 为非零值时,运行无问题。当输入的 b 为零时,运行时出现"溢出(overflow)"的错误。

如果在执行上面的 scanf 函数语句时输入:

```
456.78, 34.56 ↙
```

则输出 c 的值为 2,显然是不对的。这是由于输入的数据类型与输入格式符%d 不匹配而引起的。

应当养成认真分析结果的习惯,不要无条件地"相信计算机"。有的人盲目相信计算机,以为凡是计算机计算和输出的总是正确的。但是,你给的数据不对或程序有问题,结果怎能保证正确呢?

15.3　程序的测试

程序调试的任务是排除程序中的错误,使程序能顺利地运行并得到预期的效果。程序的调试阶段不仅要发现和消除语法上的错误,还要发现和消除逻辑错误和运行错误。除了可以利用编译时提示的"出错信息"来发现和改正语法错误外,还可以通过程序的测试来发现逻辑错误和运行错误。

程序的测试任务是尽力寻找程序中可能存在的错误。在测试时要设想到程序运行时的各种情况,测试在各种情况下的运行结果是否正确。

有时程序在某些情况下能正确运行,而在另外一些情况下不能正常运行或得不到正确的结果,因此,一个程序即使通过编译并正常运行而且可以得到正确的结果,还不能认为程序就一定没有问题了。要考虑是否在任何情况下都能正常运行并且得到正确的结果。测试的任务就是要找出那些不能正常运行的情况和原因。下面通过一个例子来说明。

求一元二次方程 $ax^2+bx+c=0$ 的根。

有人根据求根公式：$x_{1,2}=\dfrac{-b\pm\sqrt{b^2-4ac}}{2a}$，编写出以下程序：

```c
# include <stdio.h>
# include <math.h>
void main()
  {float a,b,c,disc,x1,x2;
   scanf("%f,%f,%f",&a,&b,&c);
   disc=b*b-4*a*c;
   x1=(-b+sqrt(disc))/(2*a);
   x2=(-b-sqrt(disc))/(2*a);
   printf("x1=%6.2f,x2=%6.2f\n",x1,x2);
  }
```

当输入 a,b,c 的值为 1,−2,−15 时,输出 x1 的值为 5,x2 的值为 −3。结果是正确无误的。但是若输入 a,b,c 的值为 3,2,4 时,屏幕上出现"出错信息",程序停止运行,原因是对负数求平方根了($b^2-4ac=4-48=-44<0$)。

因此,此程序只适用于 $b^2-4ac\geqslant0$ 的情况。不能说上面的程序是错的,而只能说程序"考虑不周",不是在任何情况下都是正确的。使用这个程序必须满足一定的前提($b^2-4ac\geqslant0$),这样,就给使用程序的人带来不便。在输入数据前,必须先算一下,b^2-4ac 是否大于或等于 0。

应要求一个程序能适应各种不同的情况,并且都能正常运行并得到相应的结果。

下面分析一下求方程 $ax^2+bx+c=0$ 的根,有几种情况：

(1) $a\neq0$ 时：

① $b^2-4ac>0$,方程有两个不等的实根：

$$x_{1,2}=\frac{-b\pm\sqrt{b^2-4ac}}{2a}$$

② $b^2-4ac=0$,方程有两个相等的实根：

$$x_1=x_2=-\frac{b}{2a}$$

③ $b^2-4ac<0$,方程有两个不等的共轭复根：

$$x_{1,2}=\frac{-b}{2a}\pm\frac{i\sqrt{4ac-b^2}}{2a}$$

(2) $a=0$ 时,方程就变成一元一次的线性方程：$bx+c=0$。

① 当 $b\neq0$ 时,$x=-\dfrac{c}{b}$

② 当 $b=0$ 时,方程变为：$0x+c=0$。

· 当 $c=0$ 时,x 可以为任何值；

· 当 $c\neq0$ 时,x 无解。

综合起来,共有 6 种情况：

① $a \neq 0$, $b^2 - 4ac > 0$;

② $a \neq 0$, $b^2 - 4ac = 0$;

③ $a \neq 0$, $b^2 - 4ac < 0$;

④ $a = 0$, $b \neq 0$;

⑤ $a = 0$, $b = 0$, $c = 0$;

⑥ $a = 0$, $b = 0$, $c \neq 0$。

应当分别测试程序在以上 6 种情况下的运行情况,观察它们是否符合要求。为此,应准备 6 组数据。用这 6 组数据去测试程序的"健壮性"。在使用上面这个程序时,显然只有满足①②情况的数据才能使程序正确运行,而输入满足③～⑥情况的数据时,程序出错。这说明程序不"健壮"。为此,应当修改程序,使之能适应以上 6 种情况。可将程序改为:

```c
#include <stdio.h>
#include <math.h>
void main()
  {float a,b,c,disc,x1,x2,p,q;
  printf("input a,b,c:");
  scanf("%f,%f,%f",&a,&b,&c);
  if(a==0)
    if(b==0)
      if(c==0)
        printf("It is trivial. \n");
      else
        printf("It is impossible. \n");
    else
      {printf("It has one solution:\n");
      printf("x=%6.2f\n",-c/b);
  else
    {disc=b*b-4*a*c;
    if(disc>=0)
      if(disc>0)
        {printf("It has two real solutions:\n");
        x1=(-b+sqrt(disc))/(2*a);
        x2=(-b-sqrt(disc))/(2*a);
        printf("x1=%6.2f, x2=%6.2f\n",x1,x2);
        }
      else
        {printf("It has two same real solutions:\n");
        printf("x1=x2=%6.2f\\n",-b/(2*a));
        }
    else
      {printf("It has two complex solutions:\n");
      p=-b/(2*a);
```

```
            q = sqrt(-disc)/(2 * a);
            printf("x1=%6.2f +%6.2fi, x2=%6.2f -%6.2fi\n",p,q,p,q);
        }
    }
}
```

为了测试程序的"健壮性",我们准备了 6 组数据:

① 3,4,1   ② 1,2,1   ③ 4,2,1   ④ 0,3,4   ⑤ 0,0,0   ⑥ 0,0,5

分别用这 6 组数据作为输入的 a、b、c 的值,得到以下的运行结果:

① input a,b,c: 3,4,1 ↙
    It has two real solutions:
    x1=-0.33,x2=-1.00

② input a,b,c: 1,2,1 ↙
    It has two same real solutions:
    x1=x2=-1.00

③ input a,b,c: 4,2,1 ↙
    It has two complex solutions:
    x1=-0.25+0.43i,x2=-0.25-0.43i

④ input a,b,c: 0,3,4 ↙
    It has one solution:
    x=-1.33

⑤ input a,b,c: 0,0,0 ↙
    It is trivial.

⑥ input a,b,c: 0,0,5 ↙
    It is impossible.

经过测试,可以看到程序对任何输入的数据都能正常运行并得到正确的结果。

以上是根据数学知识知道输入数据有 6 种方案。但在有些情况下,并没有现成的数学公式作依据,例如一个商品管理程序,要求对各种不同的检索作出相应的反应。如果程序包含多条路径(如由 if 语句形成的分支),则应当设计多组测试数据,使程序中每一条路径都有机会执行,观察其运行是否正常。

测试的关键是正确地准备测试数据。如果只准备 4 组测试数据,程序都能正常运行,仍然不能认为此程序已无问题。只有将程序运行时所有的可能情况都做过测试,才能作出判断。

测试的目的是检查程序有无"漏洞"。对于一个简单的程序,要找出其运行时全部可能执行到的路径,并正确地准备数据并不困难。但是如果需要测试一个复杂的大程序,要找到全部可能的路径并准备出所需的测试数据并非易事。例如,有两个非嵌套的 if 语句,每个 if 语句有两个分支,它们所形成的路径数目为 $2\times2=4$。如果一个程序包含 100 个非嵌套的 if 语句,每个 if 语句有两个分支则可能的路径数目为 $2^{100}\approx1.267651\times10^{30}$。实际上进行测试的只是其中一部分(执行几率最高的部分)。因此,经过测试的程序一般来说还不能轻易宣布为"没有问题",只能说:"经过测试的部分无问题"。正如检查身体一样,经过内科、外科、眼科、五官科等各科例行检查后,不能宣布被检查者"没有任何病症"一样,他可能有隐蔽的、不易查出的病症。所以医院的诊断书一般写："未发现异常"，而不能写"此人身体无任何问题"。

读者应当了解测试的目的，学会组织测试数据，并根据测试的结果完善程序。

应当说，写完一个程序只能说完成任务的一半（甚至不到一半）。调试程序往往比写程序更难，更需要精力、时间和经验。常常有这样的情况：写程序用一天就完成了，而调试程序两三天也未能完成。有时一个小小的程序会出错五六处，而发现和排除一个错误，有时竟需要半天，甚至更多。希望读者通过实践掌握调试程序的方法和技术。

第 16 章　上机实验的目的和要求

16.1　上机实验的目的

学习 C 语言程序设计课程不能满足于能看懂书上的程序,而应当熟练地掌握程序设计的全过程,即独立编写出源程序,独立上机调试程序,独立运行程序和分析结果。

程序设计是一门实践性很强的课程,必须保证有足够的上机实验时间。学习本课程应该至少有 20 小时的上机时间,最好能做到与授课时间之比为1∶1。除了教师指定的上机实验以外,应当提倡学生自己课余抽时间多上机实践。

上机实验的目的绝不仅是为了验证教材和讲课的内容,或者验证自己所编的程序正确与否。学习程序设计,上机实验的目的是:

(1) 加深对讲授内容的理解,尤其是一些语法规定,光靠课堂讲授,既枯燥无味又难以记住,但它们都很重要。通过多次上机,就能自然地、熟练地掌握。通过上机来掌握语法规则是行之有效的方法。

(2) 了解和熟悉 C 语言程序开发的环境。一个程序必须在一定的外部环境下才能运行,所谓“环境”,就是指所用的计算机系统的硬件和软件条件。使用者应该了解,为了运行一个 C 程序需要哪些必要的外部条件(例如硬件配置、软件配置),可以利用哪些系统的功能来帮助自己开发程序。每一种计算机系统的功能和操作方法不完全相同,但只要熟练掌握一两种计算机系统的使用,再遇到其他系统时便会触类旁通,很快就能学会。

(3) 学会上机调试程序。也就是善于发现程序中的错误,并且能很快地排除这些错误,使程序能正确运行。经验丰富的人在编译和连接过程中出现“出错信息”时,一般能很快地判断出错误所在,并改正之。而缺乏经验的人即使在明确的“出错提示”下也往往找不出错误而求救于别人。

要真正掌握计算机应用技术,就不仅应当了解和熟悉有关的理论和方法,还要自己动手实现。对程序设计来说,要求会编程序并上机调试,使程序能正常运行,并且会分析运行结果,判断结果是否正确。

调试程序本身是程序设计课程的一个重要的内容和基本要求,应给予充分的重视。调试程序固然可以借鉴他人的现成经验,但更重要的是通过自己的直接实践来积累经验,而且有些经验是只能“意会”,难以“言传”。别人的经验不能代替自己的经验。调试程序的能力是每个程序设计人员应当掌握的一项基本功。

因此,在做实验时千万不要在程序通过后就认为万事大吉、完成任务了。即使运行结果正确,也不等于程序质量高和很完善。在得到正确的结果以后,还应当考虑是否可以对程序作一些改进。

在进行实验时,在调试通过程序以后,可以进一步进行思考,对程序做一些改动(例如修改一些参数、增加程序的一些功能、改变输入数据的方法等),再进行编译、连接和运行。甚至应"自设障碍",即把正确的程序改为有错的(例如用 scanf 函数输入变量时,漏写"&"符号;使数组下标出界;使整数溢出等),观察和分析所出现的情况。这样的学习才会有真正的收获,是灵活主动的学习而不是呆板被动的学习。

16.2　上机实验前的准备工作

上机实验前应事先做好准备工作,以提高上机实验的效率。准备工作至少应包括:

(1) 了解所用的计算机系统(包括 C 编译系统)的性能和使用方法。

(2) 复习和掌握与本实验有关的教学内容。

(3) 准备好上机所需的程序。由于计算机实验室给每个学生安排的时间是有限的,要珍惜时间,充分利用。应当在上机前按指定的题目编写好程序。手编程序应书写整齐,并经人工检查无误后再上机,以提高上机效率。初学者切忌不编程序或抄别人的程序去上机,应从一开始就养成严谨的科学作风。

(4) 对运行中可能出现的问题事先作出估计,对程序中自己有疑问的地方,应作出记号,以便在上机时给予注意。

(5) 准备好调试和运行时所需的数据。

16.3　上机实验的步骤

上机实验时应该一人一组,独立上机。上机过程中出现的问题,除了系统的问题以外,一般应自己独立处理,不要动辄问教师。尤其对"出错信息"应善于自己分析判断。这是学习调试程序的良好机会。

上机实验一般应包括以下几个步骤:

(1) 进入 C 工作环境(例如 Visual C++ 6.0 集成环境)。

(2) 输入自己所编好的程序。

(3) 检查一遍已输入的程序是否有错(包括输入时输错的和编程中的错误),如发现有错,及时改正。

(4) 进行编译和连接。如果在编译和连接过程中发现错误,屏幕上会出现"报错信息",根据提示找到出错位置和原因,加以改正。再进行编译……如此反复直到顺利通过编译和连接为止。

(5) 运行程序并分析运行结果是否合理和正确。在运行时要注意当输入不同数据时所得到的结果是否正确(例如,解 $ax^2+bx+c=0$ 方程时,不同的 a,b,c 组合所得到对应的不同结果)。此时应运行几次,分别检查在不同情况下程序是否正确。

(6) 输出程序清单和运行结果。

16.4　实　验　报　告

实验后,应整理出实验报告。实验报告应包括以下内容:

(1) 题目。

(2) 程序清单(计算机打印出的程序清单)。

（3）运行结果（必须是上面程序清单所对应打印输出的结果）。

（4）对运行情况所做的分析以及本次调试程序所取得的经验。如果程序未能通过，应分析其原因。

16.5　实验内容安排的原则

课后习题和上机题统一。教师指定的课后习题就是上机题（可以根据习题量的多少和上机时间的长短，指定习题的全部或一部分作为上机题）。

学生应在实验前将教师指定的题目编好程序，然后上机输入和调试。

第 17 章 实 验 安 排

为了方便各校的教学,根据多数学校的情况,在本章中给出了学习 C 程序设计课程的上机实验的参考方案。根据教学要求,安排了 12 个实验。实验的内容与教学紧密结合,从每章的习题中选出一些作为上机题。教材中一章的内容对应 1~2 次实验。每次实验一般包括 4 个题目,其中有一题稍难。上机时间一般每周一次,每次 2 小时。各单位可以根据条件做必要的调整,增加或减少某些部分。在完成以上实验的基础上,最好能根据学生学习的情况,安排 1~2 次综合的训练,完成一两个有一定难度的程序。

17.1 实验 1 C 程序的运行环境和运行 C 程序的方法

1. 实验目的

(1) 了解所用的计算机系统的基本操作方法,学会独立使用该系统。
(2) 了解在该系统上如何编辑、编译、连接和运行一个 C 程序。
(3) 通过运行简单的 C 程序,初步了解 C 源程序的特点。

2. 实验内容和步骤

(1) 检查所用的计算机系统是否已安装了 C 编译系统并确定它所在的子目录。
(2) 进入所用的 C 编译集成环境。
(3) 熟悉集成环境的界面和有关菜单的使用方法。
(4) 输入并运行一个简单的、正确的程序。
① 输入下面的程序

```
# include <stdio. h>
int main()
{
  printf ("This is a c program. \n");
  return 0;
}
```

② 仔细观察屏幕上的已输入的程序,检查有无错误。
③ 根据本书第 3 部分介绍的方法对源程序进行编译,观察屏幕上显示的编译信息。如果出现"出错信息",则应找出原因并改正之,再进行编译,如果无错,则进行连接。
④ 如果编译连接无错误,运行程序,观察分析运行结果。
(5) 输入并编辑一个有错误的 C 程序。
① 输入以下程序(教材第 1 章中例 1.2,故意漏打或打错几个字符)。

```
# include <stdio. h>
int main()
{int a,b,sum
 a=123; b=456;
 sum=a+b
 print ("sum is %d\n",sum);
 return 0;
 }
```

② 进行编译,仔细分析编译信息窗口,可能显示有多个错误,逐个修改,直到不出现错误。最后请与教材上的程序对照。

③ 使程序运行,分析运行结果。

(6) 输入并运行一个需要在运行时输入数据的程序。

① 输入下面的程序:

```
# include <stdio. h>
int main()
  {int max(int x,int y);
   int a, b, c;
   printf("input a&b: ");
   scanf ("%d,%d",&a,&b);
   c=max (a,b);
   printf ("max=%d\\n",c);
   return 0;
}

int max(int x,int y)
  {int z;
   if (x>y) z=x;
   else z=y;
   return (z);
  }
```

② 编译并运行,在运行时从键盘输入整数 2 和 5,然后按"回车"键,观察运行结果。

③ 将程序中的第 4 行改为

int a;b;c;

再进行编译,观察其结果。

④ 将 max 函数中的第 3,4 两行合并写为一行,即

if(x>y)z=x; else z=y;

进行编译和运行,分析结果。

(7) 运行一个自己编写的程序。题目是教材第 1 章的第 6 题。即输入 a,b,c 3 个值,输出其中最大者。

① 输入自己编写的源程序。

② 检查程序有无错误(包括语法错误和逻辑错误),有则改之。

③ 编译和连接,仔细分析编译信息,如有错误应找出原因并改正之。

④ 运行程序,输入数据,分析结果。

⑤ 自己修改程序(例如故意改成错的),分析其编译和运行情况。

⑥ 将调试好的程序保存在自己的用户目录中,文件名自定。

⑦ 将编辑窗口清空,再将该文件读入,检查编辑窗口中的内容是否刚才存盘的程序。

⑧ 关闭所用的 Visual C++ 集成环境,用 Windows 中的"我的电脑"找到刚才使用的用户子目录,浏览其中文件,看有无刚才保存的后缀为 .c 和 .exe 的文件。

3. 预习内容

(1)《C 程序设计(第四版)》第 1 章。

(2) 本书第 3 部分第 14 章的有关部分。

17.2　实验 2　数据类型、运算符和简单的输入输出

1. 实验目的

(1) 掌握 C 语言数据类型,了解字符型数据和整型数据的内在关系。

(2) 掌握对各种数值型数据的正确输入方法。

(3) 学会使用 C 的有关算术运算符,以及包含这些运算符的表达式,特别是自加(++)和自减(--)运算符的使用。

(4) 学会编写和运行简单的应用程序。

(5) 进一步熟悉 C 程序的编辑、编译、连接和运行的过程。

2. 实验内容和步骤

(1) 输入并运行教材第 3 章第 4 题给出的程序:

```
# include <stdio. h>
int main ()
{char c1,c2;
 c1=97;
 c2=98;
 printf("%c %c\n"c1,c2);
 printf("%d %d\n",c1,c2);
 return 0;
}
```

① 运行以上程序,分析为什么会输出这些信息。

② 如果将程序第 4,5 行改为

```
c1=197;
c2=198;
```

运行时会输出什么信息？为什么？

③ 如果将程序第 3 行改为

int c1,c2;

运行时会输出什么信息？为什么？

(2) 输入第 3 章第 5 题的程序。即：

用下面的 scanf 函数输入数据,使 a=3,b=7,x=8.5,y=71.82,c1='A',c2='a'。问在键盘上如何输入？

```
# include <stdio. h>
int main()
{
 int a,b;
 float x,y;
 char c1,c2;
 scanf("a=%db=%d",&a,&b);
 scanf("%f%e",&a,&y);
 scanf("%c%c",&c1,&c2);
 return 0;
}
```

运行时分别按以下方式输入数据,观察输出结果,分析原因。

① a=3,b=7,x=8.5,y=71.82,A,a↙
② a=3 b=7 x=8.5 y=71.82 A a↙
③ a=3 b=7 8.2 71.82 A a↙
④ a=3 b=7 8.5 71.82Aa↙
⑤ 3 7 8.5 71.82Aa↙
⑥ a=3 b=7↙
   8.5 71.82↙
   A↙
   a↙
⑦ a=3 b=7↙
   8.5 71.82↙
   Aa↙
⑧ a=3 b=7↙
   8.5 71.82Aa↙

通过此题,总结输入数据的规律和容易出错的地方。

(3) 输入以下程序：

```
# include <stdio. h>
int main()
  {int i,j,m,n;
   i=8;
   j=10;
```

```
        m=++i;
        n=j++;
        printf("%d,%d,%d,%d\n",i,j,m,n);
        return 0;
    }
```

① 编译和运行程序,注意 i,j,m,n 各变量的值。

② 将第 6,7 行改为

```
m=i++;
n=++j;
```

再编译和运行,分析结果。

③ 程序改为

```
#include <stdio.h>
int main()
    {int i, j;
    i=8;
    j=10;
    printf("%d,%d\n",i++, j++);
    }
```

再编译和运行,分析结果。

④ 在③的基础上,将 printf 语句改为

```
printf ("%d,%d\n",++i,++j);
```

再编译和运行。

⑤ 再将 printf 语句改为

```
printf ("%d,%d,%d,%d\n",i,j,i++,j++);
```

再编译和运行,分析结果。

⑥ 程序改为:

```
#include <stdio.h>
int main()
    {int i,j,m=0,n=0;
    i=8;
    j=10;
    m+=i++;n-=--j;
    printf("i=%d,j=%d,m=%d,n=%d\n",i,j,m,n);
    return 0;
    }
```

再编译和运行,分析结果。

(4) 假如我国国民生产总值的年增长率为 9%,计算 10 年后我国国民生产总值与现在
相比增长多少百分比。编写程序。(第 3 章第 1 题)

计算公式为：$p=(1+r)^n$

r 为年增长率，n 为年数，p 为与现在相比的倍数。

① 输入自己编好的程序，编译并运行，分析运行结果。

② 年增长率不在程序中指定，改用 scanf 函数语句输入，分别输入 7%，8%，10%。观察结果。

③ 在程序中增加 printf 函数语句，用来提示输入什么数据，说明输出的是什么数据。

3. 预习内容

预习教材第 3 章。

17.3 实验 3 最简单的 C 程序设计——顺序程序设计

1. 实验目的

(1) 掌握 C 语言中使用最多的一种语句——赋值语句的使用方法。

(2) 掌握各种类型数据的输入输出的方法，能正确使用各种格式转换符。

(3) 进一步掌握编写程序和调试程序的方法。

2. 实验内容和步骤

(1) 通过下面的程序掌握各种格式转换符的正确使用方法。

① 输入以下程序：

```
# include <stdio. h>
int main()
  {int a,b;
  float d,e;
  char c1,c2;
  double f,g;
  long m,n;
  unsiguld int p,q;
  a=61;b=62;
  c1='a';c2='b';
  d=3.56;e=-6.87;
  f=3157.890121;g=0.123456789;
  m=50000;n=-60000;
  p=32768;q=40000;
  printf ("a=%d,b=%d\nc1=%c,c2=%c\nd=%6.2f,e=%6.2f\n",a,b,c1,c2,d,e);
  printf ("f=%15.6f,g=%15.12f\nm=%ld,n=%ld\np=%u,q=%u\n",f,g,m,n,p,q);
  }
```

② 运行此程序并分析结果。

③ 在此基础上，将程序第 10～14 行改为

```
c1＝a;c2＝b;
f＝3157.890121;g＝0.123456789;
d＝f;e＝g;
p＝a＝m＝50000;q＝b＝n＝－60000;
```

运行程序,分析结果。

④ 用 sizeof 运算符分别检测程序中各类型的数据占多少字节。例如,int 型变量 a 的字节数为 sizeof(a)或 sizeof(int),用 printf 函数语句输出各类型变量的长度(字节数)。

(2) 设圆半径 $r＝1.5$,圆柱高 $h＝3$,求圆周长、圆面积、圆球表面积、圆球体积、圆柱体积。编程序,用 scanf 输入数据,输出计算结果。输出时要有文字说明,取小数点后两位数字(第 3 章第 7 题)。

(3) 计算存款利息(第 3 章第 2 题)。

有 1000 元,想存 5 年,可按以下 5 种办法存:

① 一次存 5 年期。

② 先存 2 年期,到期后将本息再存 3 年期。

③ 先存 3 年期,到期后将本息再存 2 年期。

④ 存 1 年期,到期后将本息存再存 1 年期,连续存 5 次。

⑤ 存活期存款。活期利息每一季度结算一次。

银行存款利率:请去银行查当日利率。

计算利息的公式见第 3 章第 2 题。

(4) 编程序将"China"译成密码,密码规律是:用原来的字母后面第 4 个字母代替原来的字母。例如,字母'A'后面第 4 个字母是'E',用'E'代替'A'。因此,"China"应译为"Glmre"。请编一程序,用赋初值的方法使 c1,c2,c3,c4,c5 这 5 个变量的值分别为'C'、'h'、'i'、'n'、'a',经过运算,使 c1,c2,c3,c4,c5 分别变为'G'、'l'、'm'、'r'、'e'。分别用 putchar 函数和 printf 函数输出这 5 个字符(第 3 章第 6 题)。

① 输入事先已编好的程序,并运行该程序。分析是否符合要求。

② 改变 c1,c2,c3,c4,c5 的初值为'T'、'o'、'd'、'a'、'y',对译码规律做如下补充:'W'用'A'代替,'X'用'B'代替,'Y'用'C'代替,'Z'用'D'代替。修改程序并运行。

③ 将译码规律修改为:将一个字母被它前面第 4 个字母代替,例如'E'用'A'代替,'Z'用'U'代替,'D'用'Z'代替,'C'用'Y'代替,'B'用'X'代替,'A'用'V'代替。修改程序并运行。

3. 预习内容

预习教材第 3 章。

17.4　实验 4　选择结构程序设计

1. 实验目的

(1) 了解 C 语言表示逻辑量的方法(以 0 代表"假",以非 0 代表"真")。

(2) 学会正确使用逻辑运算符和逻辑表达式。

(3) 熟练掌握 if 语句的使用(包括 if 语句的嵌套)。

(4) 熟练掌握多分支选择语句——switch 语句。

(5) 结合程序掌握一些简单的算法。

(6) 进一步学习调试程序的方法。

2. 实验内容

本实验要求事先编好解决下面问题的程序,然后上机输入程序并调试运行程序。

(1) 有一函数:

$$y = \begin{cases} x & (x < 1) \\ 2x - 1 & (1 \leqslant x < 10) \\ 3x - 11 & (x \geqslant 10) \end{cases}$$

写程序,输入 x 的值,输出 y 相应的值。用 scanf 函数输入 x 的值,求 y 值(第 4 章第 6 题)。

运行程序,输入 x 的值(分别为 $x < 1$、$1 \leqslant x < 10$、$x \geqslant 10$ 这 3 种情况),检查输出的 y 值是否正确。

(2) 从键盘输入一个小于 1000 的正数,要求输出它的平方根(如平方根不是整数,则输出其整数部分)。要求在输入数据后先对其进行检查是否小于 1000 的正数。若不是,则要求重新输入(第 4 章第 5 题)。

(3) 给出一个百分制成绩,要求输出成绩等级 A,B,C,D,E。90 分以上为 A,81~89 分为 B,70~79 分为 C,60~69 分为 D,60 分以下为 E(第 4 章第 8 题)。

① 事先编好程序,要求分别用 if 语句和 switch 语句来实现。运行程序,并检查结果是否正确。

② 再运行一次程序,输入分数为负值(如−70),这显然是输入时出错,不应给出等级,修改程序,使之能正确处理任何数据,当输入数据大于 100 和小于 0 时,通知用户"输入数据错",程序结束。

(4) 输入 4 个整数,要求按由小到大顺序输出(本题是教材第 4 章第 11 题)。

在得到正确结果后,修改程序使之按由大到小顺序输出。

3. 预习内容

预习教材第 4 章。

17.5　实验 5　循环结构程序设计

1. 实验目的

(1) 熟悉掌握用 while 语句、do…while 语句和 for 语句实现循环的方法。

(2) 掌握在程序设计中用循环的方法实现一些常用算法(如穷举、迭代、递推等)。

(3) 进一步学习调试程序。

2. 实验内容

编程序并上机调试运行。

(1) 输入一行字符,分别统计出其中的英文字母、空格、数字和其他字符的个数(本题是教材第 5 章第 4 题)。

在得到正确结果后,请修改程序使之能分别统计大小写字母、空格、数字和其他字符的个数。

(2) 输出所有的"水仙花数",所谓"水仙花数"是指一个 3 位数,其各位数字立方和等于该数本身。例如,153 是一水仙花数,因为 $153 = 1^3 + 5^3 + 3^3$(本题是教材第 5 章第 8 题)。

(3) 猴子吃桃问题。猴子第 1 天摘下若干个桃子,当即吃了一半,还不过瘾,又多吃了一个。第 2 天早上又将剩下的桃子吃掉一半,又多吃了一个。以后每天早上都吃了前一天剩下的一半零一个。到第 10 天早上想再吃时,见只剩一个桃子了。求第 1 天共摘了多少桃子(本题是教材第 5 章第 12 题)。

在得到正确结果后,修改题目,改为猴子每天吃了前一天剩下的一半后,再吃两个。请修改程序并运行,检查结果是否正确。

*(4) 用牛顿迭代法求方程 $2x^3 = 4x^2 + 3x - 6 = 0$ 在 1.5 附近的根(本题是教材第 5 章第 13 题,学过高等数学的读者可选做此题)。

在得到正确结果后,请修改程序使所设的 x 初始值由 1.5 改变为 100,1000,10000,再运行,观察结果,分析不同的 x 初值对结果有没有影响,为什么?

修改程序,使之能输出迭代的次数和每次迭代的结果,分析不同的 x 初始值对迭代的次数有无影响。

3. 预习内容

预习教材第 5 章。

17.6 实验 6 数　　组

1. 实验目的

(1) 掌握一维数组和二维数组的定义、赋值和输入输出的方法。

(2) 掌握字符数组和字符串函数的使用。

(3) 掌握与数组有关的算法(特别是排序算法)。

2. 实验内容

编程序并上机调试运行。

(1) 用选择法对 10 个整数排序。10 个整数用 scanf 函数输入(本题是教材第 6 章第 2 题)。

(2) 已有一个已排好序的数组,要求输入一个数后,按原来排序的规律将它插入数组中(本题是教材第 6 章第 4 题)。

（3）有一篇文章，共有 3 行文字，每行有 80 个字符。要求分别统计出其中英文大写字母、小写字母、数字、空格以及其他字符的个数（本题是教材第 6 章第 10 题）。

（4）找出一个二维数组的"鞍点"，即该位置上的元素在该行上最大，在该列上最小。也可能没有鞍点（本题是教材第 6 章第 8 题）。

应当至少准备两组测试数据：

① 二维数组有鞍点，例如：

$$\begin{bmatrix} 9 & 80 & 205 & 40 \\ 90 & -60 & 96 & 1 \\ 210 & -3 & 101 & 89 \end{bmatrix}$$

② 二维数组没有鞍点，例如：

$$\begin{bmatrix} 9 & 80 & 205 & 40 \\ 90 & -60 & 196 & 1 \\ 210 & -3 & 101 & 89 \\ 45 & 54 & 156 & 7 \end{bmatrix}$$

用 scanf 函数从键盘输入数组各元素的值，检查结果是否正确。题目并未指定二维数组的行数和列数，程序应能处理任意行数和列数的数组。因此，从理论上来说，应当准备许多种不同行数和列数的数组数据，但这样的工作量太大，一般来说不需要这样做，只须准备典型的数据即可。

如果已指定了数组的行数和列数，可以在程序中对数组元素赋初值，而不必用 scanf 函数。请读者修改程序以实现之。

3. 预习内容

预习教材第 6 章。

17.7　实验 7　函数（一）

1. 实验目的

（1）熟悉定义函数的方法。

（2）熟悉声明函数的方法。

（3）熟悉调用函数时实参与形参的对应关系，以及"值传递"的方式。

（4）学习对多文件的程序的编译和运行。

2. 实验内容

编程序并上机调试运行之。

（1）写一个判别素数的函数，在主函数输入一个整数，输出是否素数的信息（本题是第 7 章第 3 题）。

本程序应当准备以下测试数据：17，34，2，1，0。分别运行并检查结果是否正确。要求所编写的程序，主函数的位置在其他函数之前，在主函数中对其所调用的函数作声明。进行以下工作：

　　① 输入自己编写的程序,编译和运行程序,分析结果。

　　② 将主函数的函数声明删掉,再进行编译,分析编译结果。

　　③ 把主函数的位置改为在其他函数之后,在主函数中不含函数声明。

　　④ 保留判别素数的函数,修改主函数,要求实现输出 100～200 之间的素数。

　　(2) 写一个函数,将一个字符串中的元音字母复制到另一字符串,然后输出(本题是第 7 章第 7 题)。

　　① 输入程序,编译和运行程序,分析结果。

　　② 分析函数声明中参数的写法。先后用以下两种形式。

　　(a) 函数声明中参数的写法与定义函数时的形式完全相同,如：

　　void cpy(char s[],char c[]);

　　(b) 函数声明中参数的写法与定义函数时的形式基本相同,但省略写数组名。 如：

　　void cpy(char[],char[ ]);

分别编译和运行,分析结果。

　　思考形参数组为什么可以不指定数组大小。

　　③ 如果随便指定数组大小行不行,如：

　　void cpy(char s[40],char [40])

请分别上机试一下。

　　(3) 输入 10 个学生 5 门课的成绩,分别用函数实现下列功能：

　　① 计算每个学生平均分;

　　② 计算每门课的平均分;

　　③ 找出所有 50 个分数中最高的分数所对应的学生和课程(本题是第 7 章第 14 题)。

　　(4) 用一个函数来实现将一行字符串中最长的单词输出。此行字符串从主函数传递给该函数(本题是第 7 章第 10 题)。

　　① 把两个函数放在同一个程序文件中,作为一个文件进行编译和运行。

　　② 把两个函数分别放在两个程序文件中,作为两个文件进行编译、连接和运行。

3. 预习内容

(1) 教材第 7 章。

(2) 本书第 3 部分中有关对多文件程序进行编译和连接的方法。

17.8　实验 8　函数(二)

1. 实验目的

(1) 进一步熟悉怎样利用函数实现指定的任务。

(2) 熟悉函数的嵌套调用和递归调用的方法。

（3）熟悉全局变量和局部变量的概念和用法。

2. 实验内容

（1）写一个函数，用"起泡法"对输入的 10 个字符按由小到大顺序排列（本题是第 7 章第 11 题）。

① 输入程序，进行编译和运行，分析结果。

② 将要排序的字符串改为 5 个，按由大到小的顺序排列。

（2）用递归法将一个整数 n 转换成字符串。例如，输入 483，应输出字符串"483"。n 的位数不确定，可以是任意的整数（本题是第 7 章第 17 题）。

① 输入程序，进行编译和运行，分析结果。

② 分析递归调用的形式和特点。

③ 思考如果不用递归法，能否改用其他方法解决此问题，上机试一下。

（3）编写一个函数，由实参传来一个字符串，统计此字符串中字母、数字、空格和其他字符的个数，在主函数中输入字符串以及输出上述的结果（本题是第 7 章第 9 题）。

① 在程序中用全局变量。编译和运行程序，分析结果。讨论为什么要用全局变量。

② 能否不用全局变量，修改程序并运行之。

（4）求两个整数的最大公约数和最小公倍数，用一个函数求最大公约数。用另一函数根据求出的最大公约数求最小公倍数（本题是第 7 章第 1 题）。

① 不用全局变量，分别用两个函数求最大公约数和最小公倍数。两个整数在主函数中输入，并传送给函数 hcf，求出的最大公约数返回主函数，然后再与两个整数一起作为实参传递给函数 lcd，求出最小公倍数，返回到主函数输出最大公约数和最小公倍数。

② 用全局变量的方法。用两个全局变量分别代表最大公约数和最小公倍数。用两个函数分别求最大公约数和最小公倍数，但其值不由函数带回，而是赋给全局变量。在主函数中输出它们的值。

分别用以上两种方法编程并运行，分析对比。

3. 预习内容

教材第 7 章。

17.9　实验 9　指针（一）

1. 实验目的

（1）掌握指针和间接访问的概念，会定义和使用指针变量。
（2）能正确使用数组的指针和指向数组的指针变量。
（3）能正确使用字符串的指针和指向字符串的指针变量。

2. 实验内容

编程序并上机调试运行以下程序（都要求用指针处理）。

（1）输入 3 个整数，按由小到大的顺序输出，然后将程序改为：输入 3 个字符串，按由小到大顺序输出（本题是第 8 章第 1～2 题）。

① 先编写一个程序，以处理输入 3 个整数，按由小到大的顺序输出。运行此程序，分析结果。

② 把程序改为能处理输入 3 个字符串，按由小到大的顺序输出。运行此程序，分析结果。

③ 比较以上两个程序，分析处理整数与处理字符串有什么不同？例如：

（a）怎样得到指向整数（或字符串）的指针。

（b）怎样比较两个整数（或字符串）的大小。

（c）怎样交换两个整数（或字符串）。

（2）将一个 3×3 的整型二维数组转置，用一函数实现之（本题是第 8 章第 9 题）。

在主函数中用 scanf 函数输入以下数组元素：

$$
\begin{array}{ccc}
1 & 3 & 5 \\
7 & 9 & 11 \\
13 & 15 & 19
\end{array}
$$

将数组 0 行 0 列元素的地址作为函数实参，在执行函数的过程中实现行列互换，函数调用结束后在主函数中输出已转置的二维数组。

请思考：

① 二维数组的指针，某一行的指针、某一元素的指针各代表什么含义？应该怎样表示？

② 怎样表示 i 行 j 列元素及其地址。

（3）将 n 个数按输入时顺序的逆序排列，用函数实现（本题是教材第 8 章第 14 题）。

① 在调用函数时用数组名作为函数实参。

② 函数实参改为用指向数组首元素的指针，形参不变。

③ 分析以上二者的异同。

（4）写一函数，求一个字符串的长度。在 main 函数中输入字符串，并输出其长度（本题是教材第 8 章第 6 题）。

分别在程序中按以下两种情况处理：

① 函数形参用指针变量。

② 函数形参用数组名。

作分析比较，掌握其规律。

3. 预习内容

预习教材第 8 章。

17.10 实验 10 指针(二)

1. 实验目的

（1）进一步掌握指针的应用。

（2）能正确使用数组的指针和指向数组的指针变量。

（3）能正确使用字符串的指针和指向字符串的指针变量。

（4）了解指向指针的指针的用法。

2．实验内容

根据题目要求，编写程序（要求用指针处理），运行程序，分析结果，并进行必要的讨论分析。

（1）有 n 个人围成一圈，顺序排号。从第 1 个人开始报数（从 1 到 3 报数），凡报到 3 的人退出圈子，问最后留下的是原来第几号的人（本题是第 8 章第 5 题）。

（2）将一个 5×5 的矩阵（二维数组）中最大的元素放在中心，4 个角分别放 4 个最小的元素（顺序为从左到右，从上到下依次从小到大存放），写一函数实现之。用 main 函数调用（本题是第 8 章第 10 题）。

（3）有一个班 4 个学生，5 门课程。

① 求第一门课程的平均分。

② 找出有两门以上课程不及格的学生，输出他们的学号和全部课程成绩及平均成绩。

③ 找出平均成绩在 90 分以上或全部课程成绩在 85 分以上的学生。分别编 3 个函数实现以上 3 个要求（本题是第 8 章第 14 题）。

（4）用指向指针的指针的方法对 n 个字符串排序并输出。要求将排序单独写成一个函数。n 和各整数在主函数中输入。最后在主函数中输出（本题是第 8 章第 20 题）。

3．预习内容

预习教材第 8 章。

17.11　实验 11　用户自己建立数据类型

1．实验目的

（1）掌握结构体类型变量的定义和使用。

（2）掌握结构体类型数组的概念和应用。

（3）了解链表的概念和操作方法。

2．实验内容

编程序，然后上机调试运行。

（1）有 5 个学生，每个学生的数据包括学号、姓名、3 门课的成绩。从键盘输入 5 个学生数据，要求输出 3 门课总平均成绩，以及最高分的学生的数据（包括学号、姓名、3 门课的成绩、平均分数）。本题是第 9 章第 5 题。

要求用一个 input 函数输入 5 个学生数据，用一个 average 函数求总平均分，用 max 函数找出最高分学生数据。总平均分和最高分的学生的数据都在主函数中输出。

（2）13 个人围成一圈，从第 1 个人开始顺序报号 1，2，3。凡报到"3"者退出圈子，找出最后留在圈子中的人原来的序号。要求用链表实现(本题是第9章第6题)。

(3)建立一个链表,每个结点包括:学号、姓名、性别、年龄。输入一个年龄,如果链表中的结点所包含的年龄等于此年龄,则将此结点删去(本题是第9章第12题)。

3. 预习内容

预习教材第9章。

17.12　实验12　文件操作

1. 实验目的

(1)了解文件和文件指针的概念。
(2)学会使用文件操作函数实现对文件打开、关闭、读、写等操作。
(3)学会对数据文件进行简单的操作。

2. 实验内容

编写程序并上机调试运行。

(1)有5个学生,每个学生有3门课的成绩,从键盘输入以上数据(包括学生号、姓名、3门课成绩),计算出平均成绩,将原有数据和计算出的平均分数存放在磁盘文件 stud 中(本题是第10章第5题)。

设5名学生的学号、姓名和3门课成绩如下:

10101	Wang	89,98,67.5
10103	Li	60,80,90
10106	Sun	75.5,91.5,99
10110	Ling	100,50,62.5
10113	Yuan	58,68,71

在向文件 stud 写入数据后,应检查验证 stud 文件中的内容是否正确。

(2)将上题 stud 文件中的学生数据按平均分进行排序处理,将已排序的学生数据存入一个新文件 stu_sort 中(本题是第10章第6题)。

在向文件 stu_sort 写入数据后,应检查验证 stu_sort 文件中的内容是否正确。

(3)将上题已排序的学生成绩文件进行插入处理。插入一个学生的3门课成绩。程序先计算新插入学生的平均成绩,然后将它按成绩高低顺序插入,插入后建立一个新文件(本题是第10章第7题)。

要插入的学生数据为

10108　Xin　90,95,60

在向新文件 stu_new 写入数据后,应检查验证 stu_new 文件中的内容是否正确。

3. 预习内容

预习教材第10章。

参 考 文 献

［1］ 谭浩强著.C 程序设计(第四版).北京:清华大学出版社,2010

［2］ 谭浩强著.C 程序设计(第三版).北京:清华大学出版社,2005

［3］ 谭浩强编著.C 程序设计题解与上机指导(第三版).北京:清华大学出版社,2005

［4］ 谭浩强著.C 程序设计教程.北京:清华大学出版社,2007

［5］ 谭浩强著.C 语言程序设计(第 2 版).北京:清华大学出版社,2008

［6］ C 编写组编.常用 C 语言用法速查手册.北京:龙门书局,1995

［7］ Brian W. Kernighan & Dennis M. Ritchie. The C Programming Language(Second Edition) . 北京:机械工业出版社,2007

［8］ Peter Prinz & Tony Crawford 著. C in a Nutshell. O'Reilly Taiwan 公司译.北京:机械工业出版社,2007

［9］ H M Peitel,P J Deitel. C How to program. Second Edition. 蒋才鹏,等译.C 程序设计教程.北京:机械工业出版社,2000

［10］ Herbert Schildt 著.王曦若,李沛,译.ANSI C 标准详解.北京:学苑出版社,1994